国家自然科学基金面上项目(51974292)资助
国家自然科学基金青年科学基金项目(52204097)资助

巨厚弱胶结覆岩深部开采岩层移动变形规律及区域性控制研究

张国建　郭广礼　卫　伟　张思峰　著

U0353276

中国矿业大学出版社

·徐州·

内容提要

本书聚焦鄂尔多斯煤田深部煤炭资源高强度、大规模开采引起的冲击地压、矿震等灾害日益严重的问题,通过力学试验、理论分析和模拟研究等方法揭示了巨厚弱胶结覆岩破坏机理,并提出了兼顾煤炭资源高效开采、安全开采和地表生态环境保护的区域性岩层移动控制方法。

本书可供从事地质工程、采矿工程、土木工程、环境工程等相关专业的科研与工程技术人员参考。

图书在版编目(CIP)数据

巨厚弱胶结覆岩深部开采岩层移动变形规律及区域性
控制研究/张国建等著. —徐州:中国矿业大学出版
社,2023.8

ISBN 978 - 7 - 5646 - 5922 - 6

Ⅰ. ①巨… Ⅱ. ①张… Ⅲ. ①矿山开采－岩层移动－
岩层控制－研究 Ⅳ. ①TD325

中国国家版本馆 CIP 数据核字(2023)第 153441 号

书　　名	巨厚弱胶结覆岩深部开采岩层移动变形规律及区域性控制研究	
著　　者	张国建　郭广礼　卫　伟　张思峰	
责任编辑	赵朋举　李　敬	
出版发行	中国矿业大学出版社有限责任公司	
	(江苏省徐州市解放南路 邮编221008)	
营销热线	(0516)83885370　83884103	
出版服务	(0516)83995789　83884920	
网　　址	http://www.cumtp.com　E-mail:cumtpvip@cumtp.com	
印　　刷	苏州市古得堡数码印刷有限公司	
开　　本	787 mm×1092 mm　1/16　**印张** 13　**字数** 333 千字	
版次印次	2023 年 8 月第 1 版　2023 年 8 月第 1 次印刷	
定　　价	58.00 元	

(图书出现印装质量问题,本社负责调换)

前　言

　　"十四五"期间经济社会发展要以推动高质量发展为主题,高质量发展必须以能源为依托,而能源则以煤炭为主。黄河流域中段的鄂尔多斯煤田深部煤炭资源储备丰富,地质构造简单且地广人稀,非常适宜深部煤炭资源的高强度、大规模开采。所以,鄂尔多斯煤田能够在"十四五"时期满足国家能源的重大需求,鄂尔多斯也将成为我国主要的能源输出地区之一。

　　同时,鄂尔多斯煤田深部煤炭资源高强度开采也面临诸多问题:① 随着开采深度的增大,冲击地压、矿震等灾害日益严重,已经成为制约各大煤矿高强度连续开采的严重问题;白垩系、侏罗系巨厚砂岩岩层移动和能量积聚是造成大规模连续开采时冲击地压、矿震频发的主要影响因素。② 鄂尔多斯煤田地表以滩地为主,沙丘、沙垄和沙地分布广泛,生态环境极其脆弱。随着煤炭开采范围的扩大,鄂尔多斯煤田地表大面积沉陷,原有的生态平衡被打破,生态环境将进一步恶化。

　　鉴于此,笔者及团队以营盘壕煤矿为研究对象,通过收集巨厚弱胶结砂岩相关资料,并补充物理力学试验,系统地分析了巨厚弱胶结砂岩的物理力学性能及微观结构特征,并通过对比东西部矿区深部覆岩结构特征、岩石力学性能和地表下沉规律,明确了引起巨厚弱胶结覆岩深部开采非充分采动条件下地表下沉量偏小的根本原因。然后,利用力学分析、数值模拟和物理模拟手段研究了巨厚弱胶结覆岩深部开采地表移动变形影响因素和响应规律、覆岩运动规律与破坏特征,进而揭示了巨厚弱胶结覆岩运动及破坏机理,并提出了巨厚弱胶结覆岩深部开采区域性岩层运动控制方法。

　　从2014年开始,笔者及团队就对巨厚弱胶结覆岩岩层运动机理及控制进行长期系统的研究,认为覆岩结构、采动程度(本书以宽深比表示)和水平应力是影响西部矿区巨厚弱胶结覆岩深部开采非充分采动条件下地表下沉量明显偏小和地表采动影响范围较大的主要因素,并在大尺寸相似材料模拟整体变形监测、深部开采相似材料模拟方法和区域性岩层移动控制等方面提出了自己独特的见解。

　　本书共分为6章,各章的内容为:第1章,绪论;第2章,巨厚弱胶结覆岩深部开采地表移动变形特殊性分析;第3章,巨厚弱胶结覆岩深部开采地表移动变形规律数值模拟研究;第4章,巨厚弱胶结覆岩深部开采岩层运动规律及破坏特征研究;第5章,巨厚弱胶结覆岩深部开采岩层移动力学分析;第6章,巨厚弱胶结覆岩深部开采区域性岩层移动控制方法及影响因素分析。

本书得到了国家自然科学基金面上项目(51974292)和国家自然科学基金青年科学基金项目(52204097)的资助。高鑫、邓雪翔、王荟钦、王富刚、李占、张广学等在本书的编排、整理和校对过程中付出了辛勤劳动,在此一并表示衷心的感谢!

由于水平所限,书中难免有疏漏和不足之处,敬请各位读者批评指正。

著 者

2023年2月于泉城济南

目　　录

1　绪　　论

1.1　研究背景和意义

我国能源结构的特点是"多煤、贫油、少气"。近年来我国煤炭消费量一直占一次能源消费总量的 55% 以上[1],2009 年达到 71.2%[2]。2020 年,煤炭消费量占一次能源消费总量的比例为 56.8%[3],预计到 2030 年,我国煤炭消费量占一次能源消费总量的比例仍将达到 50% 以上[4]。虽然煤炭消费量在我国一次能源消费总量中所占的比例逐步降低(图 1-1),但是在未来很长时期内,煤炭作为主体能源的地位仍不会发生变化。

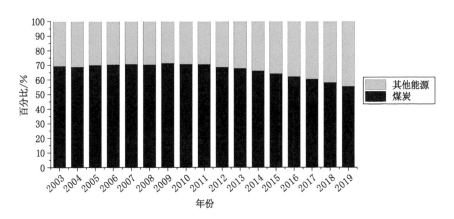

图 1-1　中国能源消费结构

据预测,我国 73.2% 的煤炭储量埋深在 1 000 m 以下,浅部煤炭储量较少且主要分布在新疆、内蒙古山西和陕西,东部地区仅占 6%[5]。由于能源需求量大,中东部地区的浅部煤炭资源已近枯竭,为缓解我国煤炭资源分布不均、解决局部区域能源供需矛盾,煤矿开采深度由最初的 200~300 m 逐步增大到 700~800 m,有些煤矿甚至超过了 1 000 m。据统计,目前我国采深超过或即将超过 800 m 的矿井有 138 个,其中国有重点煤矿 110 个,具体见表 1-1[6-7]。

表 1-1　全国主要深部矿井统计

省份	矿井数量/个			比例/%
	采深为 800～1 000 m	采深为 1 000～1 200 m	采深大于 1 200 m	
江苏	3	3	7	9.42
河南	19	8	0	19.57
山东	10	12	11	23.91
黑龙江	11	5	0	11.59
吉林	0	2	2	2.90
辽宁	6	5	0	7.97
安徽	14	0	0	10.14
河北	15	3	2	14.49

由表可知,采深超过或即将超过 1 000 m 的煤矿有 60 个,如张小楼煤矿(江苏徐州矿务集团,采深 1 100 m),赵各庄矿(河北唐山开滦集团,采深 1 159 m),孙村煤矿(山东新泰新汶矿业集团,采深 1 501 m)等[8]。不仅如此,坐落在山东、河南、安徽、河北等地的国有重点煤矿目前平均采深在 600 m 以上,按照我国煤炭的年平均开采深度以 10～25 m 向深部延深,上述煤矿在未来 10 年将普遍进入深部开采阶段[9]。

为了缓解中东部煤炭开采的压力,"十三五"期间全国煤炭开发的布局是压缩东部、限制中部和东北、优化西部[10]。随着国家经济战略的西移,鄂尔多斯盆地成为能源输出替代地区之一。鄂尔多斯盆地是我国重要的能源盆地,是我国五大能源基地之一,含煤面积约180 000 km²。在已探获的 90 000 km² 含煤面积中,煤炭资源储量近一千亿吨,居全国首位[11]。在剩余未探获的含煤面积中,据预测,在盆地内河东煤田、东胜煤田、准噶尔煤田等11 个煤田圈定的 84 个预测区的煤炭资源储量中,埋藏深度在 1 000 m 以下的煤炭资源储量为136.394 02 Gt,埋藏深度在 2 000 m 以下的煤炭资源储量为 1 210.216 75 Gt,详见表 1-2。其中,东胜煤田煤炭资源储量为 485.075 42 Gt,居首位,且几乎全部是深部煤炭资源。

表 1-2　鄂尔多斯盆地煤炭资源储量预测结果统计表

煤田名称	不同埋藏深度煤炭资源储量/Gt			
	0～600 m	600～1 000 m	1 000～1 500 m	1 500～2 000 m
陕北石炭—二叠纪煤田	0.000 00	3.010 72	15.344 91	56.565 68
渭北煤田	1.490 92	8.587 13	12.102 91	11.184 85
陕北侏罗纪煤田	0.000 00	0.505 44	17.000 97	93.372 59
黄陇煤田	2.996 37	0.000 00	3.428 29	0.298 70
陕北三叠纪煤田	0.201 93	0.000 00	0.000 00	0.000 00
宁南煤田	0.314 88	0.207 44	0.938 26	6.759 50
宁东煤田	0.816 12	5.698 78	25.953 82	93.747 00
陇东煤田	0.000 00	10.465 45	68.418 73	75.143 89
河东煤田	3.002 89	10.301 58	44.447 46	56.396 12
东胜煤田	0.093 94	21.990 78	240.926 70	222.064 00
准噶尔煤田	18.992 96	47.716 69	29.728 35	0.000 00
合计	27.910 01	108.484 01	458.290 40	615.532 33

东胜煤田为陆相沉积的特大型煤田,地层倾角 $1°\sim3°$,褶皱、断层不发育,但局部有小的波状起伏,无岩浆岩侵入,属构造简单型煤田,总面积约为 $65\ 230\ km^2$,主要含煤地层为侏罗系直罗组、延安组地层,其上覆岩层层序依次为中生界白垩系、新生界新近系、新生界第四系,见表 1-3。煤层上覆岩层多以泥岩、砂质泥岩、砂砾岩等岩性为主。其中,白垩系地层以粗砂岩、中砂岩、细砂岩等不同粒径的砂岩为主,岩层厚 $70\sim510\ m$,岩石单轴抗压强度小于 $20\ MPa$。侏罗系地层以砂质泥岩、泥岩、粉砂岩、细砂岩为主,其中直罗组砂岩厚 $10\sim400\ m$,岩石单轴抗压强度为 $20\sim40\ MPa$。该地区岩石还具有胶结性差、易风化、遇水泥化等特点,被国内外许多学者称为弱胶结岩层[12-14]。

表 1-3 东胜煤田地层特征

界	系	统	组(群)	岩层厚度/m	岩性描述
新生界	第四系	全新统	冲洪积层 (Q_4^{al+pl})	<200	淡黄褐、黄色中细粒砂及粉砂。湖泊相沉积层、冲洪积层和风积层
			风积层 (Q_4^{eol})		棕色砾石、灰黄色各粒级的砂及粉砂。西部沙漠地区砂层厚度 $0\sim180\ m$
		上更新统	马兰组 $(Q_3 m)$	$0\sim40$	浅黄色含砂黄土,含钙质结核,具柱状节理,不整合于一切老地层之上
	新近系	上新统		$0\sim100$	上部为红色、土黄色黏土及胶结疏松的砂岩;下部为灰黄色、棕红色、绿黄色砂砾岩和砾岩,中夹砂岩透镜,不整合于一切老地层之上
中生界	白垩系	下统	志丹群 $(K_1 zh)$	$40\sim230$	上部为浅灰、灰紫、灰黄、黄、紫红色泥岩,粉砂岩、细砂岩、砂砾岩,以及泥岩和砂质泥岩互层,夹薄层泥质灰岩。交错层理较发育。底部常见大型交错层理及河道迁移大型切割面和冲刷面。与下伏地层呈不整合接触
				$30\sim280$	下部为浅灰、灰绿、棕红灰紫色泥岩,粉砂岩、砂质泥岩,以及各种粒级砂岩、砾岩,中夹薄层钙质细砂岩。泥质胶结,较疏松,斜层理发育。底部常见大型交错层理。与下伏地层呈不整合接触
	侏罗系	中统	安定组 $(J_2 a)$	$10\sim151$	浅灰、灰绿、黄紫褐色泥岩及砂质泥岩和中砂岩。含钙质结核和泥质团块,具平行层理和交错层理
		中统	直罗组 $(J_2 z)$	$10\sim400$	灰白、灰黄、灰绿、紫红色泥岩,砂质泥岩、细砂岩,以及中砂岩和粗砂岩,具交错层理和波状层理。下部夹薄煤层及油页岩,含 1 煤组。含煤 $1\sim3$ 层。与下伏地层呈假整合接触
		中下统	延安组 $(J_{1-2} y)$	$78\sim458$	灰至灰白色各种粒级的砂岩与深灰色、灰黑色砂质泥岩和泥岩互层;中夹具工业开采价值的煤层。共含 2、3、4、5、6、7 煤组,27 层煤,其中主要可采煤层为 2-2 中、3-1、4-1、4-2 中、5-1、6-1 中、6-2 煤层。与下伏地层呈整合接触
		下统	富县组 $(J_1 f)$	$0\sim110$	上部为浅黄、灰绿、紫红色泥岩,夹砂岩;下部以砂岩为主,局部为砂岩和泥岩互层;底部为浅黄色砾岩。与下伏地层呈假整合接触

东胜煤田深部开采具有一般煤田深部开采岩层运动问题的普遍性。深部开采由于开采深度的增大，地应力场中构造应力的作用明显增强，关键层结构数量普遍增加，使得采场上覆岩层移动与矿压显现、地表变形响应过程更加复杂。当小范围深部开采时，复杂的地层结构使地应力得不到充分的释放，地表下沉值较小；当大范围深部开采时，复杂的地层结构无法承受地应力的巨大变化，从而使地应力得到泄洪式释放，地表发生断裂式下沉，地表移动范围发生不连续跳跃式增大。深部开采采动地表变形问题已从单个工作面小范围采动变形扩展到采区多个工作面，甚至多采区大范围采动联合影响的区域变形响应问题，覆岩运动和地表变形响应过程已成为由地下工作面、隔离煤柱、围岩组成的区域复杂结构体在"三高一扰动"复杂力学环境作用下的协同变形问题[15-19]。现有的岩层移动及沉陷控制理论、方法、技术等是基于浅部开采提出的，进入深部开采后已部分或全部失效，从而导致深部开采发生灾害的强度和频率明显提高[20-27]。很多矿区实测结果表明，即使在留设了保护煤柱的前提下，大规模深部开采引起的上覆岩层直至地表的区域性移动和变形，仍然能够影响工业广场的周围及地表建筑物。

东胜煤田深部开采岩层运动又具有自身的特殊性。研究发现，虽然东胜煤田地层岩性呈中硬偏软弱，同等采动程度条件下的地表下沉系数却明显小于东部中硬覆岩煤层深部开采，尤其是采区首采工作面或者前两个工作面连续开采时，这种现象更加明显。引起东胜煤田巨厚弱胶结覆岩煤层开采下沉系数偏小的原因很可能是巨厚弱胶结岩层运动的特殊性和强控制作用。随着开采范围的扩大，覆岩中的关键层结构失稳，地表发生断裂式下沉，地表移动范围发生不连续跳跃式增大的现象可能更加严重[28]，进而造成无法预估的损失。

本书以东胜煤田营盘壕煤矿为例，通过研究巨厚弱胶结覆岩深部开采区域性岩层运动规律，提出巨厚弱胶结覆岩深部开采岩层移动控制方法，从而为巨厚弱胶结覆岩深部开采岩层和地表移动精准控制设计提供科学依据。

1.2　国内外研究现状

本书重点结合巨厚弱胶结覆岩深部开采区域性岩层运动规律及控制问题开展研究，从而为巨厚弱胶结覆岩深部开采岩层移动控制提供科学的设计依据和理论依据。下面从巨厚弱胶结覆岩深部开采地表移动变形规律、岩层运动规律及机理、岩层运动控制等方面进行国内外研究现状及存在问题分析。

1.2.1　巨厚弱胶结覆岩深部开采地表移动变形规律

（1）深部开采临界深度的界定

由于受到高地应力、高地温、高岩溶水压以及深部开采造成的高集中应力的影响，深部开采的岩体表现出复杂的非线性力学行为[29-35]。随着围压的增大，岩石的力学性质有由脆性逐渐向延性转变的趋势[36-39]。因此，深部开采问题一直备受关注，国内外许多学者也纷纷根据自己的专业领域阐述了深部开采的概念。

目前关于深部开采的概念主要有两种学说：① 深度论。以开采的绝对深度来衡量是否达到深部开采的要求。国内学术界根据采煤技术的发展现状和安全开采的要求，认为开采深度达到 700～1 000 m 时，属于深部开采。日本认为采深 600 m 为深部开采的临界深度，英国和波兰将临界深度界定在 750 m,加拿大和德国等将临界深度定在 800~1 000 m[40-43]。② 力学状态论。谢和平院士提出了用深部静水压力状态综合反映深部的应力水平、应力状态及围岩性质,定量地给出了亚临界深度、临界深度及超临界深度等概念[44]。本书从深度论的角度出发,阐述了深部开采的相关研究。

(2) 深部开采岩层及地表移动变形规律

朱刘娟[45]以峰峰集团万年矿为例,根据煤层开采所引起的地变移动参数均小于或等于地表保护对象的临界值,以逐渐趋近的方式找到地面上最大的临界变形值点并与开采边界连接确定走向移动角,以同样的方式确定上山移动角、下山移动角,并研究了它们与深厚比的关系。研究表明,深部开采基岩移动角与采深、深厚比呈明显的递增关系。她还给出了相应的关系式,用于指导深部开采留设保护煤柱。

高军海[46]针对深部开采地表沉陷预测及控制问题进行了研究,分析了岩层移动机理。结果表明,深部开采地表下沉量小,下沉速度小,没有明显的活跃期,影响范围较大,且地表在一定范围内呈整体下沉趋势。

王晓[47]通过阅读文献发现地表下沉系数在开采程度较小的时候是逐渐增大的,当采动程度增大到一定值时,地表下沉系数急剧增大,之后随着开采程度的增大地表下沉系数增速变小,直至达到充分采动时不再增大。

徐乃忠等[48]通过实例研究了深部开采地表变形规律。研究表明,单一工作面开采时,覆岩破坏具有均匀、整体压缩、移动、变形等特点,地表移动变形具有连续、缓慢、周期长的特点。

D. R. Cope[49]通过对深部开采实测数据进行分析,认为深部开采的地表变形是连续的、缓慢的,且周期较长。

李爱忠[50]分析了孟佃大寨观测站的实测数据,发现单工作面开采时,地表未达到充分采动,地表移动最大下沉速度小于 1.67 mm/d,不存在地表移动活跃期;随着采深的增大,地表移动期也相应地推迟。

李军民等[51]通过实测数据分析发现,深部极不充分开采条件下地表移动除了具有不存在地表移动活跃期、地表移动期推迟、不存在超前影响角等特点外,最大下沉滞后角比浅部开采时最大下沉滞后角小很多。

王崇革[52]将覆岩移动及破坏与地表沉陷作为整体来研究,发现覆岩裂缝拱的发展与地表下沉速度密切相关,地表移动存在增速段、高速运动段、减速运动段。

何荣等[53]通过实测数据分析发现,深部极不充分开采条件下启动距增大,地表下沉盆地十分平缓,且地表最大下沉值远小于充分采动条件下的地表最大下沉值。但是在定义采动程度时,其沿用了传统采用宽深比来衡量采动程度的方法,没有考虑覆岩结构的影响。

滕永海等[54]通过分析夹河煤矿 7425、7423 工作面开采地表实测数据发现,深部开采具有下沉盆地平缓、曲率变形值极小、岩层移动角偏大、开采影响传播系数偏大、拐点偏移系数偏小、活跃程度降低等特点。

李文秀[55]研究了软岩下深部矿产资源开采引起的地表移动规律。结果表明,深部开采影响范围较大,在距采空区 800 m 处地表水平移动值仍然达到 96 mm;地表水平移动值至少和地表最大下沉值一样大,地表水平移动值的增速要比地表最大下沉值大,且开采后很快就达到最大值。

常西坤[56]通过分析唐口煤矿 230 采区、430 采区实测资料发现,地表移动变形相对较小,地表下沉盆地平缓,不易达到充分采动。另外,在深厚比超过 300 的情况下,230 采区条带、全采工作面下沉量达到 2 400 mm,下沉盆地外界出现了地面反弹抬高现象。

王金庄、张瑜[57]通过研究发现,深部开采地表移动有一突变点,突变点之前呈弯曲形下沉,突变点之后呈断裂形下沉;覆岩由于存在厚而坚硬的岩层,具有较强的抗扰动、抗拉伸应变能力,即便下伏岩层垮落、断裂,甚至产生离层,覆岩仍然能支撑上覆岩层荷载;当采空区范围足够大时,巨厚而坚硬的岩层发生破坏,使得地表下沉量突然增大。这一研究打破了长期以来地表下沉率与宽深比的关系是连续性变化及曲线通过原点的概念。

陈宏念等[58-59]深入分析了徐州张小楼矿区地表实测数据,认为深部多工作面开采具有下沉盆地平缓、下沉盆地边界处收敛缓慢、开采影响范围增大、下沉盆地的各项移动值小于同等采动程度条件下浅部开采的地表移动值的特征。下沉率、下沉系数与采深呈自然对数关系。

张连贵[60]对兖州矿区 4 个非充分开采地表移动观测站的实测数据进行了分析,认为随着采动程度逐渐增大,地表下沉率呈从很小的缓慢增大至急剧增大,再到缓慢增大,最终稳定为一定值的变化趋势。随着开采程度的增大,拐点逐渐从煤柱一侧向采空区一侧移动。

李培现[61]采用相似材料和数值模拟的方法研究了深部开采岩层内部移动变形规律。研究表明,随着覆岩岩层埋深的减小,各岩层的最大移动值减小,岩层移动范围增大;在采空区边界上方,上下岩层下沉量近似相等;在煤柱外侧,浅部岩层下沉量大于深部岩层下沉量,岩体竖向受压;在采空区上方,浅部岩层下沉量小于深部岩层下沉量,岩体竖向受拉。研究还表明,在深部开采充分采动条件下,覆岩不同深度处岩层移动的下沉率变化关系符合幂函数模型;在深部开采非充分采动条件下,覆岩不同深度处岩层移动的下沉率随采深的增大呈线性递减趋势。

于保华等[62]采用 UDEC 软件模拟研究了采深分别为 300 m 和 800 m 时的地表沉陷特征。通过对比分析发现,相同采宽时深部开采引起的各项地表移动参数均小于浅部开采,尤其是在非充分采动时这种差异更加明显。这种现象是由于深部开采关键层数量增加,起控制作用的岩层增多,需要更大的临界宽度才能达到充分采动。另外,深部开采的影响范围增大,这是由于煤柱在高地应力状态下自身存在较大变形,以及关键层数量的增加改变了岩层内部的移动变形。

许家林等[63]采用 UDEC 数值模拟软件模拟研究了采深分别为 300 m 和 800 m 时关键层对地表沉陷的影响,并结合实测数据进行了分析。研究表明,深部开采关键层数量的增加使得深部开采不易达到充分采动,这也是导致深部开采沉陷特征与浅部开采沉陷特征有巨大差异的重要原因。研究还表明,仅采用宽深比来衡量深部开采的采动程度是不准确的,应结合覆岩关键层的结构特征综合评价。

袁越等[64]借助 FLAC 3D 建立了 10 个不同采深、采高的计算模型,研究了深部大采宽条件下,采深、采高对地表下沉系数及地表移动变形的影响。研究表明,随着采深的增大,地表下沉值和水平移动值逐渐减小,且减小幅度由大变小,水平移动拐点偏向两侧的煤柱。地表下沉系数随采深的增大呈线性递减趋势,随采高的增大而呈非线性衰减趋势。

李树峰等[65]根据压力拱理论和 Wilson 理论确定条带开采的采宽和留宽,分别设计采宽 60 m、留宽 80 m 和采宽 80 m、留宽 80 m 两种方案,并通过数值模拟验证其可行性。研究表明,增大采宽和留宽对地表移动变形仍然有着显著的控制作用。

戴华阳等[66]通过相似材料模型研究了深部开采工作面间分别留设 60 m 和 20 m 隔离煤柱宽度时的岩层及地表移动变形规律。研究表明,当隔离煤柱宽度为 60 m 时,其有效地分隔了相邻工作面垮落空间的横向贯通,同时抑制了垮落空间的纵向扩展,有效地控制了地表沉降,且后采工作面容易受到相邻工作面开采的影响,其垮落带呈不等腰梯形分布;当隔离煤柱宽度为 20 m 时,其支撑范围太小,多工作面开采易达到充分采动。所以,深部大采宽开采条件下,工作面间留设一定的隔离煤柱宽度能有效地控制地表沉陷。

(3)巨厚弱胶结覆岩深部开采岩层及地表移动变形规律

余学义等[67]通过分析亭南煤矿 204、205 工作面的实测数据,研究了厚黄土层、厚洛河组砂岩条件下深部开采地表移动规律。研究认为,厚黄土层、厚洛河组砂岩条件下深部开采地表沉陷受洛河组砂岩的挠曲变形控制。当开采条件属于非充分采动时,地表移动变形却表现出极不充分开采地表移动变形特征;当开采条件接近充分采动时,地表下沉值远未达到该条件下的最大下沉值;非充分采动沉陷范围与充分采动沉陷范围基本一致。

杨福军[68]通过实测研究了下沟煤矿地表移动变形规律,认为洛河组砂岩、宜君组砾岩的控制作用及开采不充分是地表移动变形值较小的原因。

王冰[69]利用物理模拟和数值模拟的手段研究了弱胶结覆岩深部单工作面开采条件下的岩层与地表移动规律。研究表明,弱胶结覆岩遇水膨胀、风积沙的流动性、岩层的巨厚特性是弱胶结覆岩下沉系数远小于东部软岩深部开采覆岩下沉系数的原因。

林怡恺[70]以营盘壕煤矿 2201 工作面为原型,通过数值模拟和相似材料模拟方法系统地研究了巨厚弱胶结砂层覆岩条件下开采引起的地表及岩层移动变形规律。研究表明,巨厚弱胶结砂岩的控制作用是地表下沉量较小的原因。

张广学等[71]通过分析营盘壕煤矿实测数据发现,各地表移动变形指标均较小,地表下沉量仅为 327 mm,且从未出现活跃期,倾向方向未达到充分采动以及巨厚弱胶结砂岩的控制作用是岩层运动规律呈现与自身岩性不符特征的主要原因。

综上所述,目前大多数研究集中在巨厚弱胶结覆岩深部单工作面开采极不充分采动或非充分采动条件下的岩层和地表移动变形的特点及原因分析方面。由于巨厚弱胶结覆岩中结构的控制作用,小范围开采时地表下沉量较小;但随着开采范围的不断扩大,地表可能发生连续跳跃式下沉。因此,研究巨厚弱胶结覆岩深部开采地表移动变形的核心问题是多工作面开采,甚至是多采区采动引起的区域性地表移动变形问题。而巨厚弱胶结覆岩的单层厚度、层位、节理性质、采厚、区段煤柱等因素均会影响其地表移动变形规律。因此,必须开展巨厚弱胶结覆岩深部开采地表移动变形多因素影响分析及其响应规律研究,为巨厚弱胶结覆岩深部开采区域性岩层移动控制提供科学依据。

1.2.2　巨厚弱胶结覆岩深部开采岩层运动规律及机理

(1)东部矿区岩层运动规律及机理

国外学者舒里兹、哈克、库兹涅佐夫、A.拉巴斯等先后提出了悬臂梁假说、压力拱假说、铰接岩块假说、预成裂隙假说,在一定程度上解释了相关现象。

在国内,钱鸣高基于大量的现场观测,发现基本顶破断成块状的运动存在一定的规律性,并提出了"砌体梁"结构模型。同时,钱鸣高还提出了用关键层理论来解释岩层移动及覆岩离层的相互关联现象。

左建平等[72]建立了关键层破断后局部"塑性铰"亚结构模型,揭示了"砌体梁"结构稳定的本质,并在关键层理论的基础上提出了充分采动覆岩整体移动的"类双曲线"模型。A.萨乌斯托维奇提出了弹性地基梁模型,以揭示采空区上覆岩层移动变形机理。朱晓峻[73]根据主要控制层的控制机理,结合弹性地基上板模型与空间层状力学模型,提出了带状充填开采岩层移动空间层状力学模型。

G.L.Guo 等[74]提出了等价采高模型,揭示了充填开采岩层移动的本质等价于薄煤层开采岩层移动机理问题。刘建功等[75-76]基于采空区密实充填率达到一定条件,提出了连续曲形梁模型,分析了连续曲形梁与关键层之间的量化关系。

关于东部矿区深部煤炭开采岩层运动规律及机理的研究也取得了大量的成果。例如,C.G.Wang 等[52]将覆岩移动及破坏与地表沉陷作为整体来研究,构建了深部开采条件下覆岩结构及地表移动模型。研究表明,在工作面推进过程中,工作面上覆岩层会形成一个裂缝拱,裂缝拱的高度约为工作面长度的1/2,当裂缝拱发展到最大高度之后向前呈跳跃式周期性发展。

梁冰、石占山[77]将构造应力简化为均布水平应力,利用相似材料模拟试验,依据岩梁极限破断模型,对水平应力作用下的岩梁破断距进行讨论,从而得到了深部开采构造应力对岩层移动及破坏的影响规律。

李江涛、杨宏伟[78]利用相似材料模型来模拟研究五龙煤矿某一工作面(采宽150 m、采深950 m)在开采过程中覆岩裂隙场的发育过程以及应力场变化。研究表明,在沿工作面推进方向上,采动影响的区域可划分为应力降低区、采前应力升高区、采前应力降低区、采前应力平稳区。

姜京福等[79]利用 UDEC 数值模拟软件模拟研究了深部开采覆岩裂隙带发育高度,并与采用经验公式计算的数值进行比较,认为采用 UDEC 数值模拟软件来模拟分析深部开采覆岩裂隙发育具有一定的可行性。

王志国等[80]以潘一矿为例,采用相似材料模拟手段研究了深部开采岩层运动及破坏机理。研究表明,当采动程度达到一定值后,顶板垮落规律显著,岩层下沉系数与岩层高度和采厚比呈线性关系,关键岩层对离层裂隙的发生、扩展、闭合有显著影响。

常西坤[81]通过铺设三维相似材料模型研究了深部开采覆岩破坏规律,并通过岩层探测仪探测了采动过程中覆岩中离层发育状态。研究表明,随着工作面向前推进,覆岩结构呈梁式破坏,覆岩破坏边界呈拱形,离层发育至煤层以上 60~80 m。

刘义新[82]通过相似材料模拟研究了厚松散层下深部开采覆岩破坏规律及岩层运动机理。研究发现,基岩与松散层之间存在明显的耦合作用,当松散层厚度与基岩厚度的比值达到一定值时,基岩无法承受厚松散层荷载,呈现传统的覆岩破坏"三带"特征不明显的特点,整个上覆岩层呈现"整体"跟随下沉的特征。基岩与松散层运动机理存在差异,松散层运动机理是开采传播及自身压缩引起的耦合运动。

(2)巨厚弱胶结覆岩深部开采岩层运动规律及机理

孙利辉[83]采用物理模拟和数值模拟研究了西部弱胶结大采高工作面覆岩移动特征。研究表明,工作面从开切眼至推进 40 m 期间,采空区上方岩层发生了由下至上逐渐减小的整体同步变形。通过分析回采过程中同一测点的运动规律发现,顶板覆岩变形可分为采动扰动始动区、离层变形区、滞后垮落下沉区及缓慢下沉蠕动区。由于岩层的松散特性,采空区顶板岩层垮落具有自上而下层层递进的垮落形式,从而形成垮落拱,上部岩层则形成裂缝拱。

孙景武等[84]通过分析地表钻孔冲洗液漏失量及地表移动实测数据,研究了下沟煤矿巨厚白垩系砂岩含水层下综放开采的导水裂缝带发育高度及地表移动特点,并推导了弱胶结覆岩的导水裂隙带发育高度,为该地层条件下的工作面布置提供了数据支撑。

林怡恺[70]通过相似材料模型模拟研究了巨厚弱胶结覆岩岩层移动及破坏机理。研究发现,直接顶初次垮落步距约为 160 m,周期垮落步距为 $60\sim84$ m,垮落裂隙带发育高度约为 240 m,裂采比约为 40。走向采动程度约为 1 时,采空区上方覆岩发生整体切落。

通过以上研究分析可知,目前围绕我国东部矿区煤炭开采岩层移动规律及机理的研究已经取得了丰硕的研究成果,基本摸清了东部矿区中浅部煤炭开采覆岩运动规律及机理。部分学者虽然通过物理模拟研究了巨厚弱胶结覆岩深部开采岩层运动规律及机理,但大多集中在垮落裂缝带发育规律的研究上,对于巨厚弱胶结控制层结构运动规律及破坏机理的研究尚未涉及,无法解释地表下沉系数偏小以及跳跃式突变的特点。因此,必须开展弱胶结关键层结构运动规律及破坏机理的研究,揭示巨厚弱胶结覆岩深部开采区域性岩层运动规律及机理,为巨厚弱胶结覆岩深部开采岩层移动控制提供理论依据。

1.2.3　巨厚弱胶结覆岩深部开采岩层移动与控制

沉陷控制技术主要包括以充填体为核心和以煤岩柱为核心的地表沉陷控制技术。条带开采以及采空区充填开采是目前常用的地表沉陷控制方法,相关研究现状如下:

（1）条带开采研究现状

条带开采的实质是通过将被开采的煤层划分成规则的形状,采一条留一条,并且留设的煤柱能够承载上覆岩层的载荷,从而控制地表移动变形。关于条带开采的研究主要集中在煤柱稳定性及沉陷控制机理等方面。

目前,关于中浅部开采煤柱稳定性的研究已经比较成熟,研究成果主要集中在煤柱荷载、强度、尺寸设计及稳定性分析等方面。在煤柱荷载方面,有效区域理论[85]、压力拱理论[86-87]、两区约束理论[88-89]等分别对特殊现象进行了解释说明;在煤柱强度方面,A. H. Wilson 对极限强度公式做了简化,提出了极限强度的经验公式[90-94]。核区强度不等理论认为,煤柱核区各处的强度是不相等的,该理论强调煤柱尺寸和形状的重要性[95]。吴立新、王金庄[96]在 Wilson 理论、核区强度不等理论的基础上,考虑了煤柱与顶底板接触面内聚力和内摩擦角的影响,提出了"平台载荷法"理论。国内外众多学者针对不同的地质采矿条件,采用不同的研究手段分析了条带煤柱的稳定性,为条带煤柱的尺寸设计提供了参考[97-110]。

在煤柱-覆岩结构协同变形问题方面,国内外学者先后提出了煤柱压缩与压入说[111]、岩梁假说[112]、托板理论[113-115]等岩层控制理论。其中,托板理论认为,地表沉陷的影响因素为煤柱压缩变形、覆岩压缩变形及托板挠度,煤柱-托板的协同作用有效地控制了地表沉陷。

随着开采深度的增大,深部开采形成的煤柱-覆岩结构的协同变形问题已经由煤柱-顶板的协同变形问题逐渐转变为煤岩柱-高位控制层的协同变形问题,煤柱稳定性问题也已经从煤柱煤体自身稳定性问题逐渐转变成煤岩柱结构整体稳定性问题,且往往受相邻或多个工作面(采空区)的影响。陈俊杰[116]、郭惟嘉[117-118]、张明[119]、姜福兴[120]等学者针对深部条带开采煤柱稳定性及沉陷机理控制开展了大量研究。

（2）充填开采研究现状

充填采煤技术已经有百年的历史,在技术上取得了长足的进步,已从传统充填采煤技术逐渐发展到现代充填采煤技术。例如,风力充填、水力充填、粉煤灰充填、矸石自重充填、矸石带状充填等均属于传统充填开采技术;膏体充填采煤技术、机械化矸石充填采煤技术、高水充填采煤技术等均属于现代充填开采技术。随着充填采煤技术的逐渐成熟,其在煤矿开采领域中逐步得到推广应用。例如,小屯矿、岱庄矿等矿区以膏体材料作为充填物,进行长壁充填工作面开采;华丰矿、泉沟矿采用普采工作面矸石充填技术解放建(构)筑物下压煤,减小了固体废弃物出井量[121];东坪矿、济三矿等矿区采用固体充填采煤技术解放了建筑群下大量煤炭资源,消耗了大量固体废弃物[122-124]。

（3）部分充填开采研究现状

条带开采与充填开采相结合的部分充填开采方式也在工程中大量应用。例如,埠村煤矿为防止底板突水,以高水材料作为充填体,实行短壁间隔带状充填开采,从而控制岩层移动。条带开采与充填开采相结合的部分充填开采已经有大量的成功案例和成熟理论。例如,郭广礼等[125]提出利用等效替换理论,采用逐渐蚕食的方法,在不引起地表明显沉陷的条件下先实行窄条带开采,再往窄条带采空区注浆充填,最终达到了回收剩余煤柱的目的。张华兴等[126-127]提出的"大采宽留宽-采空区充填"宽条带带状充填采煤方式,为解放"三下"压覆深部煤炭资源提供了新思路。李秀山等[128-129]以岱庄煤矿为例,研究了以膏体作为充填材料,采用充填技术回收条带煤柱的可行性。研究表明,充填的膏体具有较强的稳定性,能够替代煤体承载上覆岩层荷载,从而控制地表变形,进一步解放建(构)筑物下煤炭资源。侯晓松[130]以高庄煤矿为例研究了无煤柱开采的可行性。研究表明,采用巷式充填技术将矸石混凝土浆液充填掘巷顺槽,能够在保证围岩稳定的前提下回收相邻掘巷顺槽之间的煤柱,进一步减少资源的浪费,提高资源利用率。张新国等[131]以许厂煤矿为例研究了条带煤柱中掘进巷道充填回收条带煤柱的开采模式。研究表明,条带煤柱中掘进巷道后虽然安全系数有所降低,但是掘进巷道矸石后形成的复合充填体仍然具有较强的承载能力,能够有效地控制地表变形。

综上所述,现有的地表沉陷控制方法及其控制机理已经相对成熟,并在东部矿区得到了广泛应用。西部巨厚弱胶结覆岩矿区地广人稀,生态环境极其脆弱。随着深部煤炭资源的大规模开采,必将面临绿色开采问题。巨厚弱胶结覆岩深部煤炭绿色开采的实质是地表沉陷控制问题。因此,必须结合巨厚弱胶结覆岩深部开采岩层运动规律及破坏机理,研究面向巨厚弱胶结覆岩深部区域性开采的岩层移动及地表沉陷控制技术,提出既经济又能在一定程度上控制岩层移动及地表沉陷的设计方案。

1.3 研究内容

本书针对巨厚弱胶结覆岩深部开采岩层运动规律及其控制问题开展研究。研究内容主要包括巨厚弱胶结覆岩岩层移动规律特殊性分析,巨厚弱胶结覆岩深部开采区域性岩层运动规律及覆岩破坏特征,以及巨厚弱胶结覆岩深部开采区域性岩层运动与地表沉陷控制方法,如图 1-2 所示。

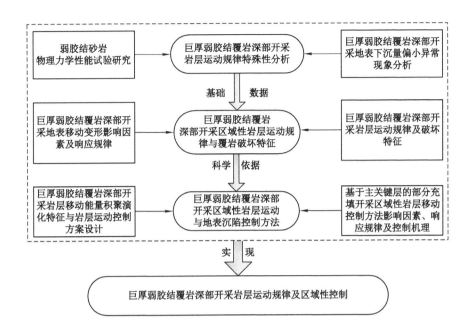

图 1-2 研究内容

1.3.1 巨厚弱胶结覆岩深部开采岩层运动规律特殊性分析

结合营盘壕煤矿地质采矿条件,收集整理现有的煤岩体试验成果资料,并补充煤岩体的物理力学试验,掌握弱胶结覆岩的物理力学性能;在此基础上分析引起巨厚弱胶结深部开采岩层运动的特殊性,为研究巨厚弱胶结覆岩深部开采区域性岩层运动规律及覆岩破坏特征提供基础数据。

(1)弱胶结砂岩物理力学性能及微观几何结构特征分析

① 弱胶结砂岩岩石力学性能分析。

② 弱胶结砂岩微观几何特征分析。

③ 弱胶结砂岩矿物成分及水解试验分析。

(2)巨厚弱胶结覆岩深部开采地表下沉量偏小异常现象分析

① 东西部矿区深部开采地表下沉系数对比分析。

② 东西部矿区深部覆岩结构特征对比分析。

③ 东西部矿区深部覆岩力学性能对比分析。

1.3.2 巨厚弱胶结覆岩深部开采区域性岩层运动规律与覆岩破坏特征

结合营盘壕煤矿的地质、采矿条件,分析巨厚弱胶结覆岩深部开采地表移动变形的影响因素,研究覆岩结构、水平构造应力及开采因子(如工作面尺寸、区段煤柱尺寸、重复采动等)等对地表移动变形的影响规律,并通过研究巨厚弱胶结覆岩深部开采区域性岩层运动规律及覆岩破坏特征,揭示巨厚弱胶结覆岩深部开采区域性岩层运动机理,为巨厚弱胶结覆岩深部开采区域性岩层运动与地表沉陷控制提供科学依据。

(1)巨厚弱胶结覆岩深部开采地表移动变形影响因素及响应规律

① 开采因子对巨厚弱胶结覆岩深部开采地表移动变形的影响规律。

② 覆岩结构对巨厚弱胶结覆岩深部开采地表移动变形的影响规律。

③ 水平构造应力对巨厚弱胶结覆岩深部开采地表移动变形的影响规律。

（2）巨厚弱胶结覆岩深部开采岩层运动规律与破坏特征

① 深部开采相似材料模型及其监测方法研究。

② 巨厚弱胶结覆岩深部开采岩层运动规律与破坏特征的物理模拟研究。

③ 巨厚弱胶结覆岩深部开采岩层运动规律与破坏特征的数值模拟研究。

（3）巨厚弱胶结覆岩深部开采岩层移动力学分析

① 巨厚弱胶结覆岩深部开采岩层运动过程分析。

② 水平构造应力影响巨厚弱胶结覆岩岩层运动的作用机理分析。

③ 巨厚弱胶结覆岩深部开采上覆岩层破坏模式力学分析。

1.3.3 巨厚弱胶结覆岩深部开采区域性岩层运动与地表沉陷控制方法

本书通过分析巨厚弱胶结覆岩深部开采岩层运动规律及能量积聚演化特征，提出基于主关键层的部分充填开采区域性岩层运动与地表沉陷控制方法，指导采区内垮落工作面与充填工作面布置方案，控制巨厚弱胶结覆岩应力集中程度和能量积聚程度，降低覆岩动力显现强度和地表破坏程度，形成面向区域性岩层控制的巨厚弱胶结覆岩深部开采采区工作面布置设计新方法。具体内容如下：

（1）巨厚弱胶结覆岩深部开采岩层移动与地表沉陷控制方案设计

① 巨厚弱胶结覆岩深部开采岩层运动能量积聚演化规律。

② 基于主关键层的巨厚弱胶结覆岩深部部分充填开采方案设计。

（2）基于主关键层的深部部分充填开采控制效果影响因素及响应规律

① 基于主关键层的深部部分充填开采岩层运动影响因素分析。

② 充填率对基于主关键层的部分充填开采控制效果的影响。

③ 采充留尺寸对基于主关键层的部分充填开采控制效果的影响。

（3）巨厚弱胶结覆岩深部部分充填开采区域性岩层运动与地表沉陷控制机理

① 不同开采方式地表沉陷控制效果对比分析。

② 基于主关键层结构的部分充填开采控制机理。

1.4 研究目标

（1）明确巨厚弱胶结覆岩深部开采地表下沉量偏小的影响因素及响应规律，揭示巨厚弱胶结覆岩深部开采区域性岩层运动机理，为实现巨厚弱胶结覆岩深部开采动力灾害预警提供科学依据。

（2）形成面向巨厚弱胶结覆岩深部开采区域性岩层运动及地表沉陷控制的采区工作面布置新思路，为实现巨厚弱胶结覆岩深部开采区域性地表环境保护和区域性动力灾害控制提供科学依据。

1.5 研究方法和技术路线

本书采用理论分析、物理模拟和数值模拟等研究手段,针对巨厚弱胶结覆岩深部开采区域性岩层的运动机理及其移动与地表沉陷控制方法等问题进行研究,具体研究方法如下:

(1)巨厚弱胶结覆岩深部开采地表移动变形特殊性分析

① 弱胶结砂岩物理力学性能及微观结构特征研究。调研并采集营盘壕井田覆岩各岩层的岩样,分别对上述岩样进行岩石崩解试验、电镜扫描试验、矿物成分分析试验、岩石剪切试验以及岩石单轴压缩试验。通过分析上述试验数据,掌握弱胶结砂岩物理力学性能及微观几何特征。

② 巨厚弱胶结覆岩深部开采地表下沉量偏小异常现象分析。通过阅读相关文献,收集东西部矿区深部开采地质采矿条件和覆岩力学参数,并以济宁煤田、兖州煤田、东胜煤田深部矿区为例,从覆岩结构特征、覆岩力学性能和采动空间等方面全方位对比分析,明确导致巨厚弱胶结覆岩深部开采地表下沉量明显偏小的原因。

(2)巨厚弱胶结覆岩深部开采区域性岩层运动机理

① 巨厚弱胶结覆岩深部开采地表移动变形影响因素及响应规律。通过阅读文献和现场调研,分析影响巨厚弱胶结覆岩深部开采岩层运动规律的因素。借助数值模拟分析软件建立多个数值模型,研究采动程度、工作面及区段煤柱尺寸、重复采动等开采因子对巨厚弱胶结覆岩深部开采地表移动变形规律的影响;研究主要关键层结构厚度、空间位置等覆岩结构特征对巨厚弱胶结覆岩深部开采地表移动变形规律的影响;研究水平构造应力对巨厚弱胶结覆岩深部开采地表移动变形规律的影响。

② 巨厚弱胶结覆岩深部开采覆岩运动规律与破坏特征。结合营盘壕煤矿地质、采矿条件,铺设巨厚弱胶结覆岩深部开采叠合式相似材料模型,并借助 UDEC 数值模拟软件构建相应的数值计算模型,模拟研究随着采动空间的不断扩大,上覆岩层破坏的时空演化规律;采用单双目-近景摄影测量技术联合监测相似材料模型,研究巨厚弱胶结砂岩运动的时空演化规律。

③ 巨厚弱胶结覆岩深部开采岩层移动力学分析。根据关键层判别理论,结合实例分析巨厚弱胶结覆岩深部开采岩层移动过程;通过分析演化过程中的水平应力释放、转移及集中现象,结合岩梁理论和随机介质的颗粒介质模型,揭示水平构造应力影响巨厚弱胶结覆岩深部开采岩层运动的作用机理;结合岩梁理论和压力拱理论,分析巨厚弱胶结覆岩深部开采上覆岩层破坏模式。

(3)巨厚弱胶结覆岩深部开采区域性岩层运动与地表沉陷控制

① 巨厚弱胶结覆岩深部开采区域性岩层运动与地表沉陷控制方案设计

a. 巨厚弱胶结覆岩深部开采岩层运动能量积聚演化规律。采用 FISH 语言进行二次开发,将 FLAC 3D 三维数值模型中的弹性能积聚现象在 Tecplot 10.0 中直观地展示出来,从而模拟研究随着采动空间的不断扩大,巨厚弱胶结覆岩岩层运动能量积聚时空演化规律。

b. 基于主关键层的巨厚弱胶结覆岩深部部分充填开采方案设计。通过分析巨厚弱胶结覆岩深部开采岩层运动能量积聚演化规律和岩层运动机理,提出基于主关键层的部分充填开采模式来控制巨厚弱胶结覆岩深部开采区域性岩层运动能量积聚及地表沉陷的方法。

② 基于主关键层的部分充填开采控制效果影响因素及响应规律

a. 基于主关键层的部分充填开采运动影响因素分析。从开采工作面设计、充填技术和地质采矿条件等方面分析各因素对基于主关键层的部分充填开采地表沉陷控制效果的影响。

b. 充填率对基于主关键层的部分充填开采控制效果的影响。借助 FLAC 3D 数值模拟分析软件建立多个三维数值模型,分别模拟研究充填率为 60%、70%、80%、90% 时,巨厚弱胶结覆岩深部开采区域性岩层运动机理及能量积聚演化规律,并进行对比分析。

c. 采充留尺寸对基于主关键层的部分充填开采控制效果的影响。借助 FLAC 3D 数值模拟分析软件建立多个三维数值模型,模拟研究充填率不变、垮落工作面及区段煤柱尺寸不变、充填工作面尺寸变化时,巨厚弱胶结覆岩深部开采区域性岩层运动机理及能量积聚演化规律;模拟研究充填率不变、充填工作面及区段煤柱尺寸不变、垮落工作面尺寸变化时,巨厚弱胶结覆岩深部开采区域性岩层运动机理及能量积聚演化规律;模拟研究充填率不变、充填工作面及垮落工作面尺寸不变、区段煤柱尺寸变化时,巨厚弱胶结覆岩深部开采区域性岩层运动机理及能量积聚演化规律。

③ 巨厚弱胶结覆岩部分充填开采岩层运动与地表沉陷控制机理

a. 不同开采方式地表沉陷和能量积聚控制效果对比分析。借助 FLAC 3D 数值模拟分析软件建立多个三维数值模型,分别模拟全部垮落法开采、混合充填开采、全部充填开采、宽条带开采、大采宽-小留宽开采和基于主关键层的部分充填开采的巨厚弱胶结覆岩深部开采区域性岩层运动机理及能量积聚演化规律,并进行对比分析。

b. 基于主关键层的部分充填开采控制机理。通过分析充填工作面复合充填体应力分布特征,结合现有沉陷控制理论及数值模拟应力拱发育规律,指出基于主关键层的部分充填开采控制机理为复合支撑体与主关键层之间的协同作用。

本书的研究技术路线如图 1-3 所示。

1.6 本章小结

本章分析了巨厚弱胶结覆岩深部开采的研究背景和意义,总结了巨厚弱胶结覆岩深部开采地表移动变形规律、岩层移动规律及破坏机理、岩层移动与地表沉陷控制等方面的研究现状、存在的问题以及发展方向,指出了巨厚弱胶结覆岩深部开采岩层及地表移动变形规律与覆岩破坏机理研究中存在的问题与不足,并在上述分析的基础上确定研究内容,系统地阐述了相应的研究方法,并绘制了详细的技术路线图。

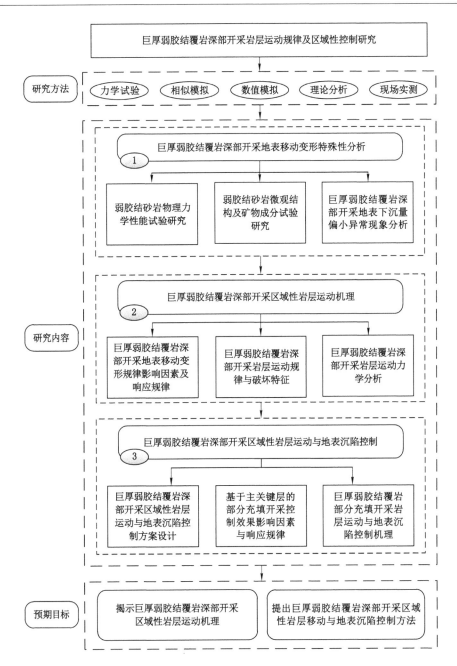

图 1-3 研究技术路线

2 巨厚弱胶结覆岩深部开采地表移动变形特殊性分析

研究发现,当地表处于非充分采动状态时,同等采动程度条件下东胜煤田营盘壕煤矿等矿区深部煤炭开采引起的地表下沉量明显偏小,呈现与弱胶结覆岩岩性不符的特殊性,现有的岩层移动理论无法解释这一特殊现象。

本章通过分析东胜煤田营盘壕煤矿弱胶结覆岩地质状况、弱胶结砂岩的物理力学性能及物理结构特征,以及东西部矿区深部覆岩结构特征、覆岩力学性能及地表移动变形规律的差异性,明确了引起巨厚弱胶结覆岩深部开采地表下沉量偏小的原因。

2.1 营盘壕煤矿地质概况

营盘壕井田地处鄂尔多斯高原毛乌素沙漠中部,地形较为平坦,滩地与沙丘相间,以滩地为主,沙丘、沙垄和沙地广布,如图 2-1 所示。

井田内地表大部分被现代风积沙及湖积沙层覆盖,零星有第四系黄土出露。据钻孔揭露,区内地层由老至新依次为三叠系上统延长组地层、侏罗系中下统延安组地层、侏罗系中统直罗组地层、侏罗系中统安定组地层、白垩系下统志丹群地层、第四系上更新统马兰组地层。图 2-2 详细揭示了 22 采区地层分布情况。

按照板块构造理论,东胜煤田大地构造一级构造单元属中朝大陆板块(Ⅰ),二级构造单元属鄂尔多斯断块($Ⅰ_1$),三级构造单元属伊陕单斜区($Ⅰ_1^3$),四级构造单元属东胜—靖边单斜($Ⅰ_1^{3-1}$)。营盘壕井田位于四级构造单元东胜—靖边单斜的中部,如图 2-1 所示。

经监测,伊陕斜坡最大水平主应力随采深的变化关系如下式所述[132]:

$$\delta_1 = 0.014\,9H + 22.859 \tag{2-1}$$

式中 δ_1——最大水平主应力,MPa;

H——采深,m。

由于营盘壕煤矿位于伊陕斜坡区,所以其水平应力满足式(2-1),且该地区所受水平应力远大于自重应力场引起的水平分量。营盘壕煤矿邻近的红庆河煤矿最大水平主应力值为 3.76~23.74 MPa(采深 153~789 m)、6.02~28.68 MPa(采深 230~917 m),最小水平主应力值为 2.79~20.73 MPa(采深 153~789 m)、4.83~23.42 MPa(采深 230~917 m),其水平应力也大于自重应力场引起的水平分量。

在图 2-2 中,侏罗系中下统地层为本区主要含煤地层,含 2、3、4、5、6、7 共计 6 个煤层,主要由灰白色砂岩、粉砂岩、灰色砂质泥岩、深灰色砂质泥岩、泥岩和煤层组成,发育有水平

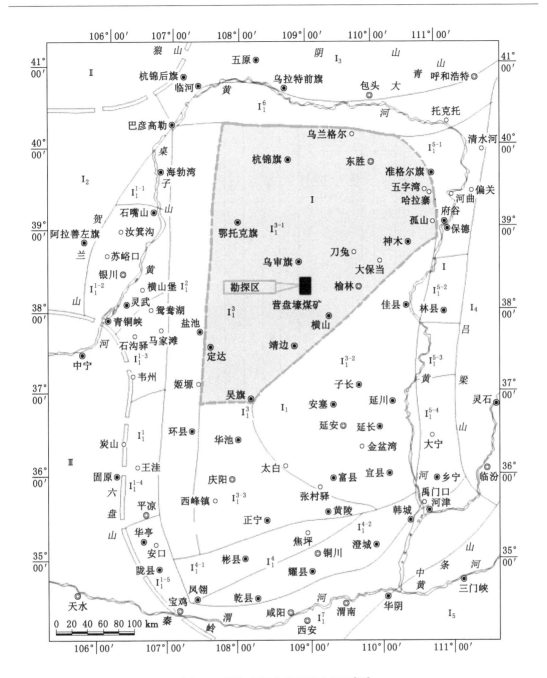

图 2-1 鄂尔多斯盆地构造分区图[133]

层理及波状层理。

侏罗系中统直罗组地层属半干旱条件下的河流体系沉积物,岩性主要以中细粒长石砂岩、石英砂岩为主,局部为巨厚层状粗粒长石砂岩,具大型交错层理。该组地层中上部为厚层状灰绿色、蓝灰色粉砂岩和砂质泥岩,夹薄层泥岩及灰绿色砂岩。顶部为浅紫色、紫灰色中细粒杂砂岩和紫杂色粉砂岩与砂质泥岩互层,砂岩中含泥质包裹体及泥质成分。

侏罗系中统安定组地层上部岩性主要由浅灰色、棕红色、灰绿色、黄紫褐色泥岩和砂质

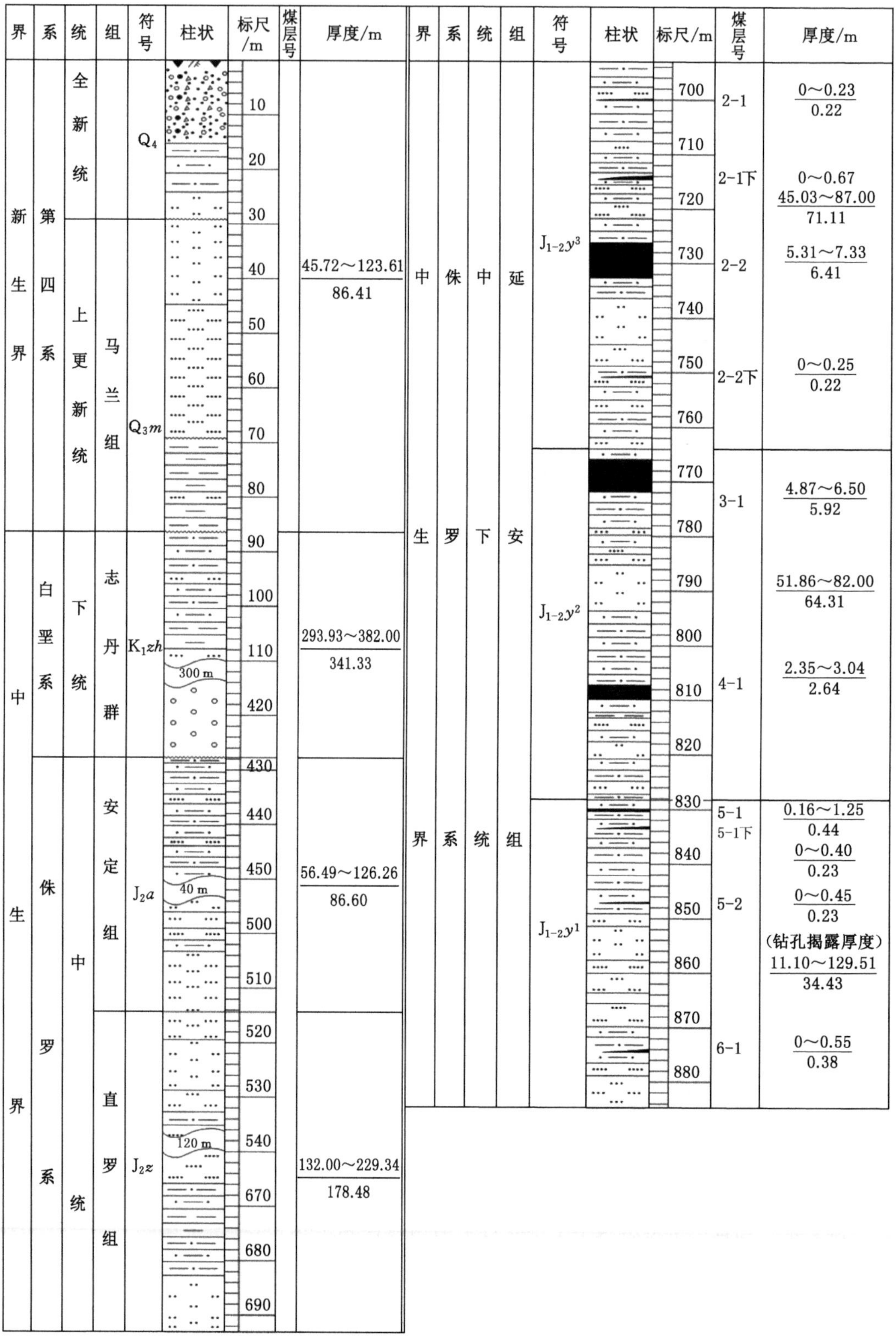

界	系	统	组	符号	柱状	标尺/m	煤层号	厚度/m	界	系	统	组	符号	柱状	标尺/m	煤层号	厚度/m
新生界	第四系	全新统		Q_4		10 20 30			中	侏	中	延	$J_{1-2}y^3$		700 710 720	2-1	$\dfrac{0\sim0.23}{0.22}$
																2-1下	$\dfrac{0\sim0.67}{45.03\sim87.00}$ 71.11
		上更新统	马兰组	Q_3m		40 50 60 70 80		$\dfrac{45.72\sim123.61}{86.41}$							730	2-2	$\dfrac{5.31\sim7.33}{6.41}$
															740 750 760	2-2下	$\dfrac{0\sim0.25}{0.22}$
中生界	白垩系	下统	志丹群	K_1zh	300 m	90 100 110 420		$\dfrac{293.93\sim382.00}{341.33}$	生	罗	下	安	$J_{1-2}y^2$		770 780	3-1	$\dfrac{4.87\sim6.50}{5.92}$
															790 800		$\dfrac{51.86\sim82.00}{64.31}$
	侏罗系	中统	安定组	J_2a	40 m	430 440 450 500 510		$\dfrac{56.49\sim126.26}{86.60}$							810 820	4-1	$\dfrac{2.35\sim3.04}{2.64}$
									界	系	统	组			830	5-1 5-1下	$\dfrac{0.16\sim1.25}{0.44}$ $\dfrac{0\sim0.40}{0.23}$
			直罗组	J_2z	120 m	520 530 540 670 680 690		$\dfrac{132.00\sim229.34}{178.48}$					$J_{1-2}y^1$		840 850 860 870 880	5-2	$\dfrac{0\sim0.45}{0.23}$ （钻孔揭露厚度） $\dfrac{11.10\sim129.51}{34.43}$
																6-1	$\dfrac{0\sim0.55}{0.38}$

图 2-2 营盘壕井田 22 采区综合柱状图

泥岩及粉砂岩组成,泥岩中有滑动面,顶部夹数层石膏层,石膏层厚度 1 cm 左右,含钙质结核。下部为浅紫色、灰紫色中细粒砂岩,夹紫杂色砂质泥岩、粉砂岩。

白垩系下统志丹群地层下部以浅红色、棕红色中粗粒砂岩为主,上部以深红色粉砂岩、细砂岩为主,局部夹砂质泥岩。

第四系上更新统马兰组地层在区内大面积分布,岩性为浅黄色风积黄土,发育柱状节理,含粉砂及钙质结核。

第四系全新统地层分布于枝状沟谷谷底,由砾石、冲洪积砂及黏土混杂堆积而成。

2.2 弱胶结砂岩物理力学性能及物理结构特征

2.2.1 弱胶结砂岩物理力学性能

为充分了解巨厚弱胶结覆岩的破坏机理,在营盘壕煤矿钻孔取样期间,现场收集了检1孔、检2孔和检3孔白垩系志丹群砂岩、侏罗系直罗组砂岩及侏罗系延安组砂岩的岩样,并加工成多个标准试块进行力学试验。部分岩样图片如图2-3～图2-5所示,部分砂岩物理力学参数见表2-1。

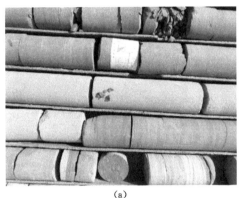

(a)   (b)

图 2-3 侏罗系直罗组砂岩

(a)   (b)

图 2-4 白垩系志丹群砂岩

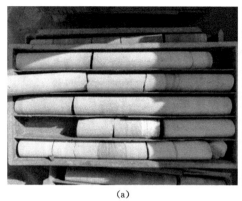

(a)　　　　　　　　　　　　　(b)

图 2-5　侏罗系延安组砂岩

表 2-1　弱胶结砂岩物理力学参数

岩层	钻孔编号	岩性	抗压强度 R/MPa	弹性模量 E/MPa	泊松比	内聚力 C/MPa	内摩擦角 φ/(°)	密度 ρ/(g/cm³)
白垩系志丹群砂岩	检1	粗砂岩	14.20	1 835.75	0.34	2.19	26	2.36
		中砂岩	10.10	1 338.44	0.30	2.02	26	2.23
		细砂岩	12.30	1 748.47	0.28	2.43	27	2.26
		粉砂岩	12.20	1 573.43	0.30	2.57	27	2.22
	检2	粗砂岩	11.96	3 173.11	0.31	2.21	25	2.18
		中砂岩	15.00	1 950.14	0.31	2.16	26	2.09
		细砂岩	11.67	1 639.94	0.30	1.31	25	2.18
		粉砂岩	10.42	777.77	0.32	1.45	28	1.93
	检3	粗砂岩	16.36	2 692.51	0.29	3.66	22	2.23
		中砂岩	15.11	2 159.67	0.30	2.31	25	2.26
		细砂岩	14.33	1 523.21	0.31	1.76	23	2.22
	平均值	粗砂岩	14.17	2 567.12	0.31	2.69	25	2.26
		中砂岩	13.40	1 816.08	0.30	2.16	26	2.19
		细砂岩	12.77	1 637.20	0.30	1.83	25	2.22
		粉砂岩	11.31	1 175.60	0.31	2.01	28	2.08
侏罗系直罗组砂岩	检1	中砂岩	36.50	5 210.96	0.25	6.45	26	2.49
		细砂岩	33.00	5 266.14	0.25	6.54	28	2.50
		粉砂岩	34.90	4 338.33	0.21	6.93	29	2.55
		砂质泥岩	31.80	4 989.95	0.26	6.49	26	2.50
	检2	粗砂岩	38.54	9 467.59	0.21	8.39	26	2.41
		中砂岩	34.39	8 295.53	0.21	9.32	28	2.37
		细砂岩	32.30	6 945.53	0.28	7.21	28	2.34
		粉砂岩	30.51	7 187.56	0.24	8.02	27	2.39
		砂质泥岩	26.77	7 052.78	0.26	6.51	25	2.40

表 2-1(续)

岩层	钻孔编号	岩性	抗压强度 R/MPa	弹性模量 E/MPa	泊松比	内聚力 C/MPa	内摩擦角 φ/(°)	密度 ρ/(g/cm³)
侏罗系直罗组砂岩	检3	粗砂岩	44.02	5 956.77	0.26	6.67	24	2.44
		细砂岩	40.77	6 617.15	0.22	11.15	24	2.47
		粉砂岩	31.09	4 591.84	0.27	8.83	23	2.44
		砂质泥岩	32.39	4 919.45	0.27	5.22	28	2.47
	平均值	粗砂岩	41.28	7 712.18	0.23	7.53	25	2.43
		中砂岩	35.44	6 753.25	0.23	7.88	27	2.43
		细砂岩	35.35	6 276.27	0.25	8.30	27	2.44
		粉砂岩	32.17	5 372.58	0.24	7.93	26	2.46
		砂质泥岩	30.32	5 654.06	0.26	6.07	26	2.46

由表 2-1 可知,弱胶结岩石抗压强度为 10.10～44.02 MPa,弹性模量为 777.77～9 467.59 MPa,泊松比为 0.21～0.34,内聚力为 1.31～11.15 MPa,内摩擦角为 23°～29°,密度为 1.93～2.55 g/cm³。

为方便分析不同地层各岩性之间的规律,根据表 2-1 中白垩系志丹群砂岩和侏罗系直罗组砂岩各岩性的平均值绘制成条形图,如图 2-6 所示。由图 2-6 可知,白垩系志丹群粗砂岩、中砂岩、细砂岩和粉砂岩的抗压强度、弹性模量和内聚力均小于侏罗系直罗组。在白垩

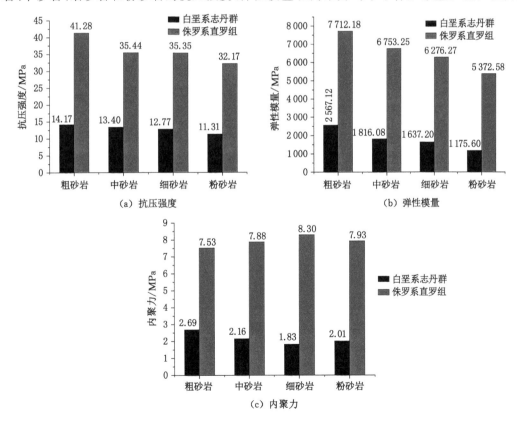

图 2-6　岩石力学参数对比分析

系志丹群地层和侏罗系直罗组地层中,粗砂岩、中砂岩、细砂岩、粉砂岩的抗压强度和弹性模量依次递减。在白垩系志丹群地层中,粗砂岩、中砂岩、细砂岩和粉砂岩的内聚力基本呈递减趋势,而在侏罗系直罗组地层中,粗砂岩、中砂岩、细砂岩和粉砂岩内的聚力基本呈递增趋势。

通过分析可知,由于白垩系志丹群砂岩成岩年代晚于侏罗系直罗组砂岩,所以白垩系志丹群砂岩各岩性力学参数普遍小于侏罗系直罗组砂岩各岩性力学参数。处于同一年代岩层各岩性的力学参数值随岩石致密性的增强和颗粒均匀度的增大而增大,而同处于白垩系志丹群砂岩各岩性的力学参数值随颗粒均匀度的增大而减小;同处于侏罗系直罗组砂岩各岩性的抗压强度和弹性模量随颗粒均匀度的增大而减小,内聚力随颗粒均匀度的增大而增大。上述岩层的岩石力学性质之所以与常规认识存在差异,与岩石的微观结构特征密不可分。下面通过试验详细研究弱胶结砂岩的微观结构特征。

2.2.2 弱胶结砂岩物理结构特征

本书收集了营盘壕煤矿志丹群砂岩、安定组砂岩、直罗组砂岩和延安组砂岩的部分岩样,进行了电镜扫描试验、矿物成分鉴定试验和浸泡试验。

(1)弱胶结砂岩电镜扫描试验

为了能够清晰地显示岩样中裂隙的发育,采用氩离子抛光仪对岩样进行氩离子抛光,同时为了能够得到清晰的扫描电镜图像,采用离子溅射仪(俗称喷金仪)对岩样进行喷金处理,相关设备如图 2-7 所示。

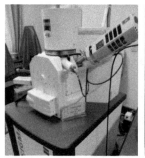  

(a) SIGMA扫描电子显微镜　　　(b) 氩离子抛光仪　　　(c) 离子溅射仪

图 2-7　试验设备

在试验过程中,由于志丹群砂岩样品自身岩性的原因,氩离子抛光试验并未取得成功。因此,选取未加工处理的志丹群砂岩样品进行电镜扫描试验。图 2-8 和图 2-9 为志丹群砂岩几何微观特征示意图,图 2-10～图 2-12 所示分别为安定组砂岩、直罗组砂岩和延安组砂岩的几何微观特征。

由图 2-8 可知,志丹群砂岩岩石粒径普遍偏大,按照粒径级别划分多为粗砂岩和中砂岩。孔隙较大,岩石较松散,部分孔隙被细砂岩填充,无大型裂隙发育,甚至裂隙不发育。

由图 2-9 可知,志丹群砂岩有轻微的缓倾斜横向层理发育,竖向层理不发育,容易沿层理发生横向剪切破坏,形成片状结构。

由图 2-10 可知,安定组砂岩岩石粒径较小,按照粒径级别划分多为粉砂岩,并且夹杂些许细砂岩,裂隙和空洞发育较为明显。

由图 2-11 可知,直罗组砂岩粒径适中,按照粒径级别划分多为细砂岩,并且夹杂些许中

(a) 放大50倍　　　　　　　　　　(b) 放大100倍

(c) 放大200倍　　　　　　　　　　(d) 放大500倍

图 2-8　志丹群砂岩不同放大等级微观几何特征

(a) 放大23倍　　　　　　　　　　(b) 放大30倍

图 2-9　志丹群砂岩不同放大等级倾斜横向层理

砂岩。岩石较为致密,无大型裂隙、层理和节理发育,偶尔有些许孔洞发育。

由图 2-12 可知,延安组砂岩岩石致密,岩石颗粒发育不规则,按照粒径级别划分多为细砂岩。无大型裂隙、层理和节理发育,偶尔有些许微小孔洞发育。

(2) 弱胶结砂岩胶结类型及矿物分析

在进行矿物成分分析试验之前,先把较大块体岩样击碎,并用破碎机磨成粉末状,利用300 目过滤网进行过滤,得到粉末状岩样 10 g 以上(10 g 为两次矿物分析试验的用量)。试验所用的岩样及仪器如图 2-13 所示。

然后,利用矿物成分分析仪进行矿物成分的鉴定,鉴定结果见表 2-2。

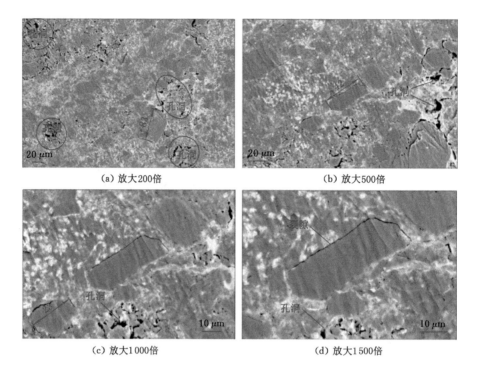

（a）放大200倍　　　　　　　　　　　　（b）放大500倍

（c）放大1 000倍　　　　　　　　　　　　（d）放大1 500倍

图 2-10　安定组砂岩不同放大等级微观几何特征

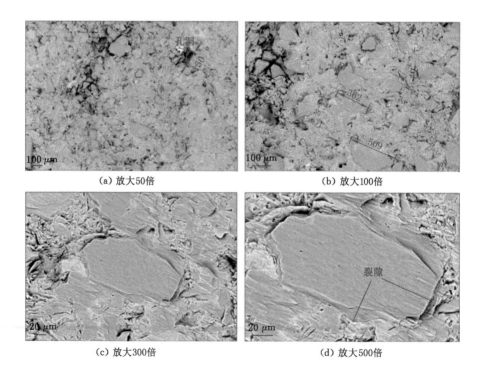

（a）放大50倍　　　　　　　　　　　　（b）放大100倍

（c）放大300倍　　　　　　　　　　　　（d）放大500倍

图 2-11　直罗组砂岩不同放大等级微观几何特征

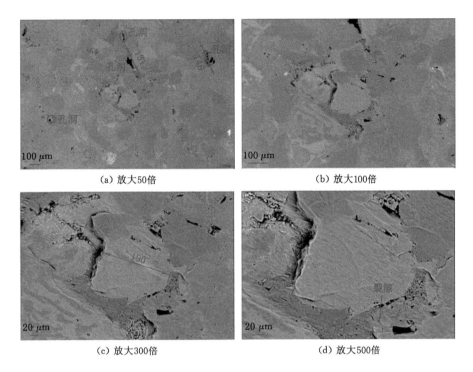

(a) 放大50倍　　　　　　　　　　　(b) 放大100倍

(c) 放大300倍　　　　　　　　　　　(d) 放大500倍

图 2-12　延安组砂岩不同放大等级微观几何特征

(a) 散状岩样　　　(b) 破碎机　　　(c) 过滤网　　　(d) 电子秤

图 2-13　岩样矿物成分分析试验前期准备

表 2-2　全岩 X-射线衍射定量分析结果

样品编号	岩石名称	样品原编号	矿物含量/%										
			石英	钾长石	斜长石	方解石	白云石	菱铁矿	黄铁矿	石膏	硬石膏	赤铁矿	TCCM
1	安定组砂岩		26.3	7.2	21.1							4.3	41.3
2	志丹群砂岩		54.1	11.5	18.4	5.1	2.4						8.5
3	直罗组砂岩		35.0	13.8	18.4								32.8
4	延安组砂岩		17.3	6.6	17.1		42.9						16.3

注:TCCM 为黏土矿物。

　　由表 2-2 可知,志丹群砂岩和延安组砂岩含黏土矿物较少,安定组砂岩和直罗组砂岩含黏土矿物较多。志丹群砂岩以石英为主,石英含量为 54.1%。延安组砂岩以白云石为主,白云石含量为42.9％。下面结合岩样矿物成分定量分析结果,分析各岩样矿物及胶结物能谱所对应的矿物成分。

安定组砂岩岩石颗粒能谱分析如图2-14所示。由图2-14可知,矿物成分Si元素和Al元素含量较高,并含有一定量的K元素。对照表2-2安定组砂岩矿物成分含量以及各矿物含有的元素比例,可以确定此矿物为钾长石。

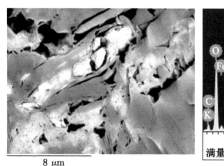
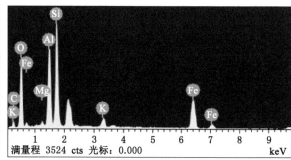

(a) 岩石颗粒   (b) 能谱

图2-14 安定组砂岩岩石颗粒能谱分析

安定组砂岩胶结物能谱分析如图2-15所示。由图2-15可知,胶结物成分Fe元素和Si元素含量较高,并含有一定量的K元素。对照表2-2安定组砂岩矿物成分含量以及安定组砂岩具有樱红色的外观,可以确定此矿物为赤铁矿。

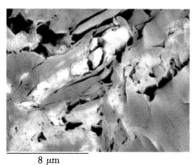
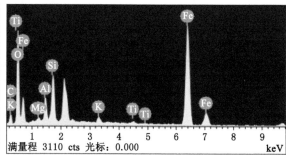

(a) 胶结物   (b) 能谱

图2-15 安定组砂岩胶结物能谱分析

志丹群砂岩胶结物能谱分析如图2-16、图2-17所示。由图2-16和图2-17可知,胶结物Ca元素含量较高,并含有一定量的Mn元素或者Fe元素,其中图2-16的胶结物不含有Mg元素,图2-17中胶结物含有Mg元素。对照表2-2志丹群砂岩矿物成分含量以及各矿物含有的元素比例,可以确定图2-16的胶结物为方解石,图2-17的胶结物为白云石。

志丹群砂岩颗粒能谱分析如图2-18所示。由图2-18可知,岩石颗粒Si元素含量较高,并含有少量的Al元素。对照表2-2志丹群砂岩矿物成分含量以及各矿物含有的元素比例,可以确定此矿物为石英。

直罗组砂岩颗粒能谱分析如图2-19所示。由图2-19可知,岩石颗粒Si元素含量较高。

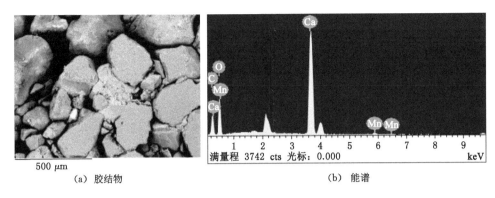

（a）胶结物　　　　　　　　　　　　（b）能谱

图 2-16　志丹群砂岩胶结物能谱分析①

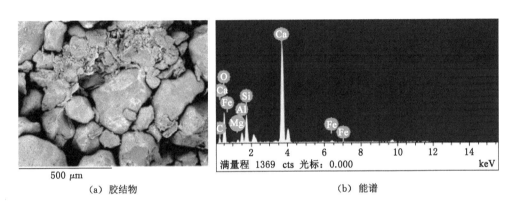

（a）胶结物　　　　　　　　　　　　（b）能谱

图 2-17　志丹群砂岩胶结物能谱分析②

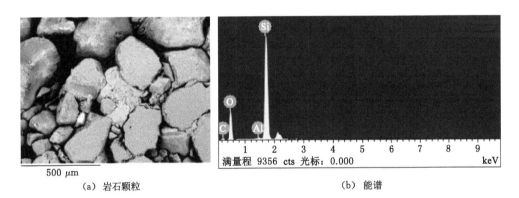

（a）岩石颗粒　　　　　　　　　　　　（b）能谱

图 2-18　志丹群砂岩颗粒能谱分析

对照表 2-2 直罗组砂岩矿物成分含量以及各矿物含有的元素比例,可以确定此矿物为石英。

直罗组砂岩胶结物能谱分析如图 2-20 所示。由图 2-20 可知,岩石颗粒 Si 元素和 Al 元素含量较高,并含有一定量的 Mg 元素,以及少量的 Fe、K 和 Ca 元素。对照表 2-2 直罗组砂岩矿物成分含量以及各矿物含有的元素比例,可以确定此矿物为斜长石。

图 2-21、图 2-22 所示为延安组砂岩岩石颗粒能谱分析。由图 2-21 可知,该岩石颗粒 Si 元素和 Al 元素含量较高,并含有一定量的 K 元素。对照表 2-2 延安组砂岩矿物成分含量以

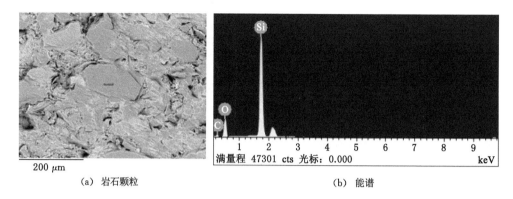

（a）岩石颗粒　　　　　　　　　　（b）能谱

图 2-19　直罗组砂岩颗粒能谱分析

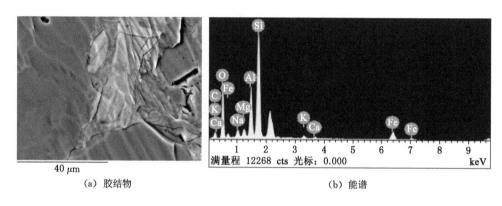

（a）胶结物　　　　　　　　　　（b）能谱

图 2-20　直罗组砂岩胶结物能谱分析

及各矿物含有的元素比例,可以确定此矿物为钾长石。由图 2-22 可知,该岩石颗粒 Si 元素含量较高。对照表 2-2 延安组砂岩矿物成分含量以及各矿物含有的元素比例,可以确定此矿物为石英。

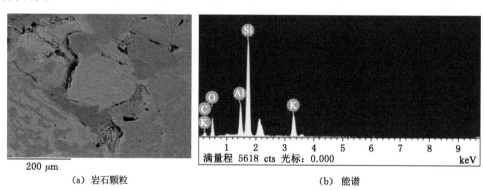

（a）岩石颗粒　　　　　　　　　　（b）能谱

图 2-21　延安组砂岩岩石颗粒能谱分析①

（3）弱胶结岩石水解试验

分别取志丹群砂岩、安定组砂岩、直罗组砂岩和延安组砂岩的部分样品置于 5 000 mL 容器中,向容器内注水直至淹没试验样品,并用保鲜膜密封,在一定程度上形成密封空间。

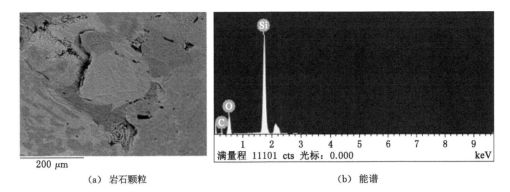

（a）岩石颗粒　　　　　　　　　　　　　（b）能谱

图 2-22　延安组砂岩岩石颗粒能谱分析②

在水解试验中，没有人为晃动容器，整个试验过程是在稳定状态下发生的。图 2-23～图 2-26 为相应岩样水解前后的对比图。

图 2-23 为安定组砂岩水解试验对比图。在安定组砂岩水解试验进行后不久，岩样附近水体逐渐浑浊，不断有微小颗粒脱离岩样而落入容器底部，如图 2-23(b)所示。若干小时以后，岩样整体结构发生破坏，形成片状或块状结构，如图 2-23(c)所示。这是因为安定组砂岩黏土矿物的含量高达 41.3%，内部孔洞和裂隙发育，部分黏土矿物遇水溶解，且岩样遇水膨胀，极易发生崩解。

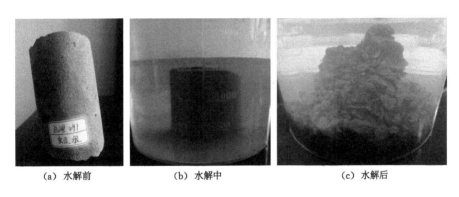

（a）水解前　　　　　　　　（b）水解中　　　　　　　　（c）水解后

图 2-23　安定组砂岩水解试验

图 2-24 为志丹群砂岩水解试验对比图。在志丹群砂岩水解试验开始后，立刻发现志丹群砂岩在"喝水"，有气泡和吱吱的响声等现象发生，并持续一段时间，如图 2-24(b)所示。水解试验进行一个月后，虽然容器底部沉淀有一层微小颗粒，但是志丹群砂岩整体结构较为完整，如图 2-24(c)所示。这是因为岩体内部颗粒之间空隙较大，所以遇水后会发生吸水等现象。另外，志丹群砂岩含黏土矿物很少，黏土矿物含量仅为 8.5%；胶结物含量较高且大多为难溶于水的方解石和白云石，所以不会发生崩解。

图 2-25 为直罗组砂岩水解试验对比图。在直罗组砂岩水解试验过程中，没有任何异常现象发生，如图 2-25(b)所示。若干天后，岩样有较大裂隙发育，但没有发生崩解，几乎保持岩样原有的几何形态，如图 2-25(c)所示。这是因为虽然直罗组砂岩黏土矿物含量较高，但是其大多难溶于水，直罗组砂岩遇水后，仅沿岩体内部的微小裂隙和空洞发生破坏，所以依

 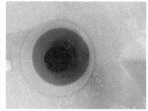 

（a）水解前　　　　　　　（b）水解中　　　　　　　（c）水解后

图 2-24　志丹群砂岩水解试验

（a）水解前　　　　　　　（b）水解中　　　　　　　（c）水解后

图 2-25　直罗组砂岩水解试验

然保持着岩样原有的几何形态。

图 2-26 为延安组砂岩水解试验对比图。在延安组砂岩水解试验过程中,没有任何异常现象发生,如图 2-26(c)所示。这是因为延安组砂岩黏土矿物含量较低且难溶于水,孔洞和裂隙几乎不发育,岩样能够保持较好的整体结构。

（a）水解前　　　　　　　（b）水解中　　　　　　　（c）水解后

图 2-26　延安组砂岩水解试验

通过分析弱胶结砂岩物理力学性质可知,志丹群砂岩多为中砂岩或者粗砂岩,颗粒粒径较大,内部空隙较大,钙质胶结,遇水不崩解,岩性偏软弱;安定组砂岩多为砂质泥岩,粒径较小,黏土矿物和赤铁矿胶结,内部裂隙和孔洞发育,遇水易崩解,岩性偏软弱;直罗组砂岩多为砂质泥岩,粒径适中,岩石较致密,黏土矿物胶结,遇水不易崩解,岩性中硬偏软弱;延安组砂岩多为细砂岩或粉砂岩,岩石致密,铁质胶结,遇水不崩解,岩性中硬。

2.3　巨厚弱胶结覆岩深部开采地表下沉量偏小异常现象分析

煤炭开采引起的岩层运动与采动空间、覆岩结构和岩体力学性能密不可分。因此,本书通过对比分析东部煤田(济宁煤田、兖州煤田)和西部煤田(东胜煤田)深部采动空间与地表下沉系数之间的关系、覆岩结构特征和岩体力学性能,明确了导致巨厚弱胶结覆岩深部开采地表下沉量偏小的原因。

2.3.1　东西部矿区深部开采地表下沉系数对比分析

目前,营盘壕煤矿正在开采延安组三段 2-2 煤层,即 22 采区的 2201 工作面以及 21 采区的 2101 工作面。2201 工作面和 2101 工作面面长约 300 m,推进长度分别为 1 806 m 和 1 983 m。工作面煤层为近水平煤层,煤层厚度约 6 m,且 2201 工作面和 2101 工作面相隔约 300 m。为监测采空区上方地表移动变形量,在开采区域地表布设两条走向观测线(观测线 1 和 2)和两条倾向观测线(观测线 3 和 4)。由于研究区域有两条油气管线通过,还布设了两条油气管线观测线(观测线 5 和 6)。观测线与工作面之间的相对位置如图 2-27 所示。

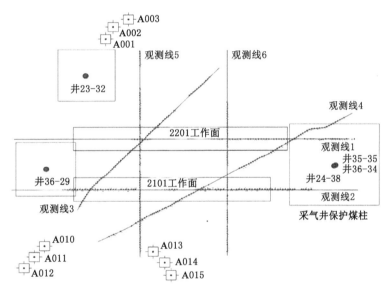

图 2-27　观测线与工作面相对位置示意图

本书给出了部分实测数据。观测线 1 和 2 下沉量数据如图 2-28 所示。观测线 1 原计划设观测点 C1～C83,观测线 2 原计划设观测点 C84～C153。由于客观原因,一些点中途损坏,一些点未埋设。实测数据表明,观测线 1 最大下沉点 C52 下沉量为 326 mm,观测线 2 最大下沉点 C123 下沉量为 309 mm,下沉量较小。

另外,经过调研,还收集了营盘壕煤矿附近一些矿井的深部煤炭开采地表下沉量实测资料。例如,纳林河二号矿井 31101 工作面推进 1 648 m 时,地表实测最大下沉量为 520 mm。巴彦高勒煤矿回采 311101、311102、311103 工作面时,实测地表最大下沉量 2 064 mm。

为充分比较分析东西部矿区深部煤炭开采地表移动变形规律之间的差异,分别收集了

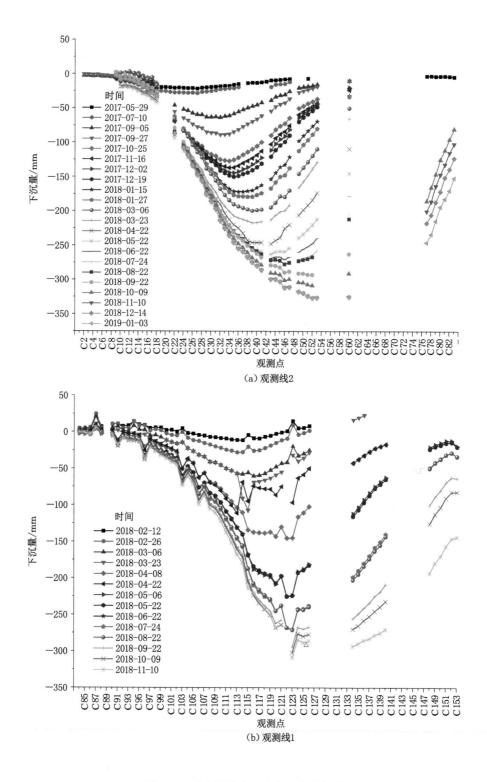

（a）观测线2

（b）观测线1

图 2-28　营盘壕煤矿地表移动变形规律

东西部矿区浅部和深部煤炭开采地表实测数据,并反演得到了相应煤矿地表下沉系数,见表2-3。为直观比较东西部矿区地表下沉系数之间的差异,根据表2-3的数据,绘制了采动程度系数与下沉系数散点图,如图2-29所示。

表 2-3　东西部矿井地表下沉系数

工作面编号	工作面宽度/m	工作面长度/m	采厚/m	埋深/m	地表土层厚度/m	基岩厚度/m	下沉系数 q
大柳塔煤矿活井12205	230	2 251	3.50	110	22	88	0.73
柳塔矿12106	246.8	633	6.90	151	30	120.6	0.77
冯家塔煤矿1201	250	1 850	3.30	147	10	137	0.75
寸草塔煤矿22111	224	2 085	2.80	249	8	240.9	0.68
布尔台矿22103-1	360	4 250	2.90	292	19	273	0.64
寸草塔二矿22111	300	3 648	2.90	305	15	294	0.68
小纪汗煤矿11203	240	2 245	2.67	350	25	315	0.60
巴彦高勒煤矿311101～311103	810	2 600	5.30	650	118	532	0.44
纳林河二号煤矿31101	240	3 030	5.50	650	78	572	0.16
营盘壕煤矿2201	300	1 800	6.00	725	45	680	0.08
唐口煤矿1302	210	1 560	3.64	960	212	748	0.53
唐口煤矿1301	215	1 320	3.38	1 000	212	788	0.52
唐口煤矿1302～1307	420	1 440	7.02	980	212	768	0.65
唐口煤矿1304	150	1 457	4.97	910	212	698	0.44
唐口煤矿1305	130	1 540	4.97	920	212	708	0.32
唐口煤矿2307、2308	420	1 350	3.60	865	212	653	0.78
唐口煤矿2307	210	1 320	3.61	865	212	653	0.53
唐口煤矿4305	120	1 255	3.12	1 040	212	828	0.45
唐口煤矿4304、4305	240	1 209	3.12	1 060	212	848	0.50
唐口煤矿2307～2310	825	1 263	4.10	825	212	613	0.84
唐口煤矿5301～5303	510	1 541	4.80	965	212	753	0.70
东坪煤矿15412	150	258	6.82	200	10	190	0.90
许厂煤矿1315	163	1 220	5.60	278	200	78	0.85
岱庄煤矿1303	160	1 300	2.90	400	245	155	0.63
岱庄煤矿2301	150	650	2.90	440	245	195	0.71
安居煤矿2302	100	770	2.50	895	227	668	0.04

由图2-29(a)、(b)可知,当采动程度接近甚至达到充分采动时,同等采动程度条件下,东部矿区深部煤炭开采地表下沉系数与浅部煤炭开采地表下沉系数接近,西部矿区深部煤炭开采地表下沉系数明显小于浅部煤炭开采地表下沉系数。随着采动程度系数的增大,东西部矿区地表下沉系数可以拟合成一条对数曲线,该曲线基本呈现连续性变化规律。由图2-29(c)、(d)可知,同等采动程度条件下,东部矿区浅部开采的地表下沉系数普遍大于西部矿区浅部开采的

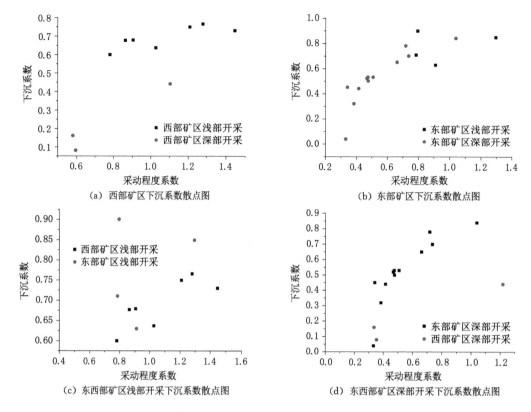

图 2-29 东西部矿区下沉系数散点图

地表下沉系数,东部矿区深部开采的地表下沉系数普遍大于西部矿区深部开采的地表下沉系数。由图 2-29(d)可知,在煤层开采初期,营盘壕煤矿地表下沉系数与安居煤矿(位于东部地区济宁煤田)地表下沉系数相近。安居煤矿地层中有岩浆岩侵入,平均厚度达 124.05 m,属于坚硬覆岩矿区。所以,当地表处于极不充分采动状态时,营盘壕煤矿巨厚弱胶结覆岩深部开采岩层运动具有坚硬覆岩的特征。

综上所述,东西部矿区深部煤炭开采岩层运动规律存在明显的差异性:① 随着采深的增大,在东部部分矿区(坚硬覆岩矿区除外)只采用采动程度判断地表是否达到充分采动尚存在一定的可行性,但在西部矿区巨厚弱胶结覆岩深部开采方面已经完全失效。② 同等采动程度条件下,巨厚弱胶结覆岩深部开采地表下沉系数明显偏小,当采动程度接近甚至达到充分采动时,东部矿区地表接近充分采动,巨厚弱胶结覆岩地表仍然呈现非充分采动的特征。③ 在煤层开采初期,地表处于极不充分采动状态时,巨厚弱胶结深部开采岩层运动规律与东部矿区坚硬覆岩矿区岩层运动规律相似。

2.3.2 东西部矿区深部覆岩结构特征对比分析

为对比分析东西部矿区深部覆岩结构特征,本书分别以济宁煤田和东胜煤田为例阐述东西部矿区深部覆岩的结构特点。表 2-4 是东胜煤田营盘壕煤矿、巴彦高勒煤矿和纳林河二号煤矿的部分地层结构分布特征。表 2-5 为济宁煤田安居煤矿、唐口煤矿和济宁二号煤矿部分地层结构分布特征。

表 2-4 东胜煤田部分矿区深部地层结构分布

地层			厚度/m		
系	统	组(群)	营盘壕煤矿	巴彦高勒煤矿	纳林河二号煤矿
第四系	全新统	冲洪积层	$\dfrac{45.72\sim123.61}{86.41}$	$\dfrac{73.92\sim161.60}{118.74}$	$\dfrac{49.38\sim83.84}{65.56}$
		风积层			
	上更新统	马兰组			
白垩系	下统	志丹群	$\dfrac{253.04\sim429.91}{347.77}$	$\dfrac{104.46\sim255.88}{178.67}$	$\dfrac{53.88\sim279.08}{138.31}$
侏罗系 (主要含 煤地层)	中统	安定组	$\dfrac{50.9\sim134.80}{94.66}$	$\dfrac{35.90\sim157.29}{96.60}$	$\dfrac{67.53\sim154.53}{103.15}$
		直罗组	$\dfrac{126.26\sim229.34}{169.72}$	$\dfrac{71.12\sim238.60}{154.86}$	$\dfrac{111.92\sim199.34}{151.44}$
	中下统	延安组	$\dfrac{307.80\sim393.14}{355.07}$	$\dfrac{208.67\sim312.28}{260.47}$	$\dfrac{334.32\sim365.30}{349.81}$

表 2-5 济宁煤田部分矿区深部地层结构分布

地层			厚度/m		
系	统	组	安居煤矿	唐口煤矿	济宁二号煤矿
第四系			$\dfrac{219.05\sim246.30}{227.57}$	$\dfrac{185.00\sim228.50}{212.55}$	$\dfrac{149.40\sim250.00}{188.35}$
侏罗系	上统	三台组	$\dfrac{441.20\sim1\,113.65}{690.50}$	391.16	285.17
			$\dfrac{56.90\sim186.70}{124.05}$(岩浆岩)	$\dfrac{3.60\sim125.20}{70.26}$(岩浆岩)	$\dfrac{0.00\sim154.79}{96.96}$(岩浆岩)
二叠系 (含煤地层)	上统	上石盒子组	$\dfrac{83.65\sim244.40}{161.39}$	305.87	116.29
	下统	下石盒子组	$\dfrac{37.50\sim57.60}{48.59}$		$\dfrac{15.06\sim90.00}{55.17}$
		山西组	$\dfrac{61.90\sim102.49}{75.29}$	87.00	$\dfrac{59.97\sim118.10}{93.68}$
石炭系 (含煤地层)	上统	太原组	$\dfrac{36.01\sim46.53}{40.22}$	$\dfrac{157.35\sim188.37}{168.00}$	$\dfrac{145.35\sim196.50}{170.35}$
	中统	本溪组		$\dfrac{4.00\sim34.42}{17.22}$	$\dfrac{43.00\sim78.99}{66.37}$

　　据钻孔揭露,东胜煤田地层有:三叠系上统延长组地层,侏罗系下统富县组地层、侏罗系中下统延安组地层、侏罗系中统直罗组和安定组地层,白垩系下统志丹群地层,新近系及第四系地层;济宁煤田地层有:石炭系中统本溪组地层、石炭系上统太原组地层,二叠系下统山西组地层、下石盒子组地层,二叠系上统上石盒子组地层,侏罗系上统三台组地层,古近系地

层,新近系地层,第四系地层等。其中,侏罗系地层为东胜煤田主要含煤地层,石炭系和二叠系地层为济宁煤田主要含煤地层。

东胜煤田基本构造形态为一向南西方向倾斜的单斜构造,地层倾角1°～3°,褶皱、断层不发育,但局部有小的波状起伏,无岩浆岩侵入,属构造简单型煤田。覆岩中岩层单层厚度较大,白垩系志丹群砂岩最厚可达500 m。其中,营盘壕煤矿白垩系志丹群砂岩平均厚度为341.33 m,局部有微小断层发育,如图2-30(a)所示。济宁煤田安居煤矿为一由多个背斜、向斜相间排列的宽缓褶曲构造,轴向北东,向西南倾斜,地层平缓,倾角一般小于15°。主要的区域性断层有近南北向的峰山断层、孙氏店断层、济宁断层和嘉祥断层等,以及近东西向的兔山断层。断层(裂)均具有走向延展长、落差大的特点,如图2-30(b)所示。根据区域地质资料,济宁煤田除东北部未发现岩浆岩外,其余部位均有岩浆岩分布,为一大型岩床,主要岩性有辉绿玢岩、辉绿岩、辉长岩等。

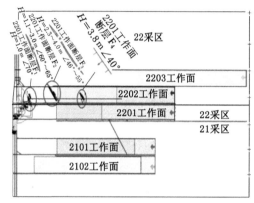

(a) 营盘壕煤矿断层分布

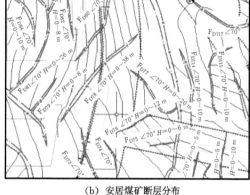

(b) 安居煤矿断层分布

图2-30 断层分布示意图

2.3.3 中东部、西部矿区深部覆岩力学性能对比分析

本节收集了中东部矿区济宁煤田安居煤矿、岱庄煤矿和大同矿区忻州窑矿的岩石力学参数,并与营盘壕煤矿白垩系志丹群地层、侏罗系直罗组地层的岩石力学参数进行比较,详见表2-6。

表2-6 中东部、西部矿区岩石力学参数对比

名称	岩性	抗压强度 R/MPa	抗拉强度 R_m/MPa	内聚力 C/MPa	内摩擦角 φ/(°)	弹性模量 E/GPa	泊松比
安居煤矿	中砂岩	103.00	7.62	3.17	47.00	3.25	0.16
	细砂岩	54.50	5.28	2.62	44.00	2.65	0.26
	粉砂岩	59.60	5.97	3.36	46.00	2.60	0.25
	砂质泥岩	21.40	1.35	0.91	21.00	0.71	0.30
忻州窑矿	中砂岩	99.90	10.63	13.02	30.00	22.10	0.17
	细砂岩	98.20	10.67	14.90	27.00	16.80	0.21
	粉砂岩	108.30	7.73	12.06	27.00	20.90	0.36

表 2-6(续)

名称	岩性	抗压强度 R/MPa	抗拉强度 R_m/MPa	内聚力 C/MPa	内摩擦角 φ/(°)	弹性模量 E/GPa	泊松比
岱庄煤矿	中砂岩	57.60	6.60	9.78	32.70	22.00	0.16
	细砂岩	36.80	5.60	4.75	24.50	14.00	0.19
	粉砂岩	47.20	7.30	8.93	31.10	15.00	0.17
营盘壕煤矿 白垩系地层	粗砂岩	14.17	1.56	2.69	25.00	2.57	0.31
	中砂岩	13.40	2.41	2.16	26.00	1.82	0.30
	细砂岩	12.77	0.89	1.83	25.00	1.64	0.30
	粉砂岩	11.31	0.34	2.01	28.00	1.18	0.31
营盘壕煤矿 侏罗系地层	粗砂岩	41.28	4.54	7.53	25.00	7.71	0.23
	中砂岩	35.44	3.90	7.88	27.00	6.75	0.23
	细砂岩	35.35	3.89	8.30	27.00	6.28	0.25
	粉砂岩	32.17	2.25	7.93	26.00	5.37	0.24
	砂质泥岩	30.32	0.91	6.07	26.00	5.65	0.26

为便于分析,绘制了相应的对比分析图(图 2-31～图 2-34)。由图 2-31～图 2-34 可知,白垩系志丹群砂岩和侏罗系直罗组岩层的抗压强度分别是中东部矿区覆岩抗压强度的 0.13～0.34 倍和 0.29～0.96 倍。白垩系志丹群砂岩和侏罗系直罗组岩层的抗拉强度分别是中东部矿区覆岩抗拉强度的 0.04～0.36 倍和 0.29～0.73 倍。白垩系志丹群砂岩和侏罗系直罗组岩层的内聚力分别是中东部矿区覆岩内聚力的 0.12～0.69 倍和 0.55～3.16 倍。白垩系志丹群砂岩和侏罗系直罗组岩层的弹性模量分别是中东部矿区覆岩弹性模量的 0.05～0.61 倍和 0.30～2.36 倍。

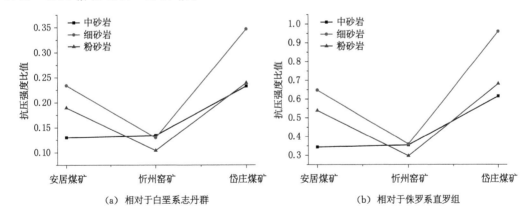

(a) 相对于白垩系志丹群 　　　　　(b) 相对于侏罗系直罗组

图 2-31　抗压强度对比结果

根据对比分析结果,西部矿区白垩系志丹群岩层的抗压强度、抗拉强度、抗剪强度和弹性模量明显小于中东部矿区中硬、坚硬覆岩。西部矿区侏罗系直罗组岩层的抗压强度、抗拉强度明显小于中东部矿区中硬、坚硬覆岩,而其抗剪强度和弹性模量虽然普遍小于中东部矿区中硬、坚硬覆岩,但在部分矿区却呈现相反的特征。以上分析表明,西部矿区弱胶结岩石

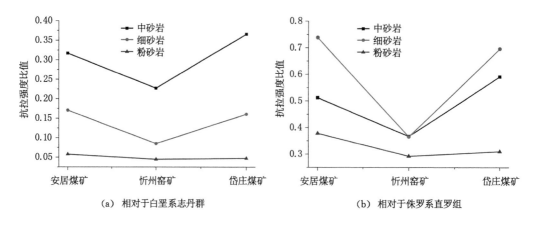

（a）相对于白垩系志丹群　　　　　　　（b）相对于侏罗系直罗组

图 2-32　抗拉强度对比结果

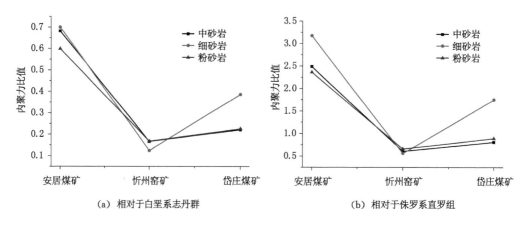

（a）相对于白垩系志丹群　　　　　　　（b）相对于侏罗系直罗组

图 2-33　内聚力对比结果

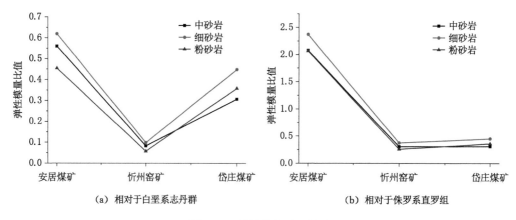

（a）相对于白垩系志丹群　　　　　　　（b）相对于侏罗系直罗组

图 2-34　弹性模量对比结果

强度较小,岩石为中硬偏软弱类型岩石,尤其白垩系志丹群岩石甚至可以称作软岩。

根据上文的分析可知,志丹群砂岩虽然为偏软类型岩石,岩石颗粒间空隙较大,但是其胶结物大部分为钙质胶结物,黏土矿物较少,胶结物成分与岩石颗粒几乎一致,遇水不崩解,岩层厚度较大,裂隙和竖向节理几乎不发育,断层和褶皱几乎不发育,岩层整体刚度较大,具有很强的控制作用,能有效地阻止岩层移动向上传递至地表。直罗组砂岩虽然含有黏土矿物较多,但是岩石较为致密,几乎无裂隙和空洞发育,遇水不易崩解,且岩层厚度较大,几乎无断层和褶皱发育,岩层整体刚度较大,具有较强的控制作用。志丹群砂岩和直罗组砂岩是巨厚弱胶结覆岩中的厚层弱胶结砂岩,也是下文的重点研究对象。

本章通过分析巨厚弱胶结覆岩深部开采地表移动变形规律特殊性的原因,认为由于开采范围较小,覆岩结构中存在具有较强控制作用的巨厚弱胶结岩层,又受到水平构造应力的影响,从而导致巨厚弱胶结覆岩深部开采地表下沉量较小。另外,本书研究了弱胶结砂岩的物理力学性能和微观几何结构特征,为下文合理模拟巨厚弱胶结砂岩的力学行为,调整数值模拟中弱胶结岩层及节理力学参数提供了基础数据。

2.4 本章小结

巨厚弱胶结覆岩深部开采岩层运动规律呈现与自身岩性不符的特殊性,利用现有岩层移动理论无法解释这一特殊现象。为了探索其原因,本章以营盘壕煤矿为研究对象,详细分析了弱胶结地层的地质状况,进行了弱胶结岩石物理力学试验,对比分析了东西部矿区深部采动程度与地表下沉系数之间的关系、覆岩结构特征和物理力学性能,得到以下结论:

(1)白垩系志丹群砂岩各岩性力学参数值普遍小于侏罗系直罗组砂岩各岩性力学参数值。同处于白垩系志丹群砂岩的各岩性力学参数值随颗粒均匀度的增大而减小;同处于侏罗系直罗组砂岩各岩性的抗压强度和弹性模量随颗粒均匀度的增大而减小,内聚力随颗粒均匀度的增大而增大。

(2)志丹群砂岩颗粒粒径较大,内部空隙较大,钙质胶结,遇水不崩解;安定组砂岩粒径较小,黏土矿物和赤铁矿胶结,内部裂隙和孔洞发育,易崩解;直罗组砂岩岩石较致密,黏土矿物胶结,遇水不易崩解;延安组砂岩岩石致密,铁质胶结,遇水不崩解。

(3)白垩系志丹群砂岩抗压强度为 $10\sim20$ MPa,侏罗系砂岩单轴抗压强度为 $20\sim40$ MPa,而中东部矿区相同名称的岩石抗压强度大多在 50 MPa 以上。西部矿区弱胶结岩石强度较小,岩石为中硬偏软弱类型岩石,尤其白垩系志丹群岩石甚至可以称作软岩。

(4)在煤层开采初期,同等采动程度条件下,巨厚弱胶结覆岩深部开采岩层运动规律与东部地区坚硬覆岩矿区岩层运动规律相似,巨厚弱胶结覆岩深部开采地表下沉系数明显小于软岩深部开采。当开采范围较大,采动程度接近甚至达到充分采动时,东部矿区深部开采地表下沉系数普遍大于西部矿区深部开采地表下沉系数,东部矿区地表采动程度接近充分采动,巨厚弱胶结覆岩地表采动程度仍然呈现非充分采动的特征。

(5)巨厚弱胶结砂岩为偏软类型岩石,岩层单层厚度较大,裂隙、褶皱、断层不发育,整体刚度较大,为下文合理模拟巨厚弱胶结砂岩的力学行为,合理调整数值模拟中弱胶结岩层及节理力学参数提供了基础数据。研究表明,倾向方向开采极不容易达到充分采动,巨厚弱胶结砂岩整体刚度较大,并受到水平构造应力的影响,这是巨厚弱胶结覆岩深部开采非充分采动条件下地表下沉量明显偏小的主要原因。

3 巨厚弱胶结覆岩深部开采地表移动变形规律数值模拟研究

本章通过数值模拟手段,研究开采因子、覆岩结构特征和水平构造应力等因素对巨厚弱胶结覆岩深部开采地表移动变形的影响规律,并验证第2章提出的猜想。

3.1 数值模拟研究方法概述

目前,用于研究深部开采岩层及地表移动变形规律的研究手段主要有理论分析、物理模拟和数值模拟。鉴于深部开采问题较为复杂,理论分析较为困难。此外,采深较大,采用物理模拟手段研究深部开采岩层运动时空演化规律难度也较大。而计算机技术的快速发展,为有限元、有限差分等连续介质法,离散元、颗粒元等非连续介质法的实现提供了硬件和软件支持,使得数值模拟手段被大量地应用于解决复杂岩层的运动问题。尤其在深部开采方面,数值模拟更是研究深部开采围岩控制和上覆岩层运动问题的重要研究手段。

在数值计算中,常用的数值模拟软件有 FLAC 3D、ANSYS、ABAQUS、UDEC 等。其中,FLAC 3D 软件是在 FLAC 2D 有限差分程序的基础上扩展得到的。它采用混合离散法模拟塑性破坏和塑性流动,当材料发生屈服流动后,相应网格能够发生变形和移动,且在三维结构受力特性模拟和塑性流动分析方面得到了广泛的应用。UDEC 是二维离散元程序,能够较为真实地体现节理岩体的几何特点,在处理非线性变形和集中在节理面上的岩体破坏问题有得天独厚的优势,在网格划分较密时,也能极大地提高计算效率。

因此,本章采用 FLAC 3D 数值模拟软件研究覆岩结构特征、水平构造应力、重复采动和采动程度对巨厚弱胶结覆岩深部开采地表移动变形规律的影响,采用 UDEC 软件模拟研究工作面及区段煤柱尺寸对巨厚弱胶结覆岩深部开采地表移动变形规律的影响。

3.2 巨厚弱胶结覆岩深部开采数值模型的建立

依据营盘壕煤矿 22 采区综合柱状图,借助 FLAC 3D 数值模拟分析软件建立初始三维数值模型,如图 3-1 所示。该模型长 4 075 m,宽 4 000 m,高 763 m,网格尺寸 25 m×25 m,高度随岩层高度的变化略有不同,共划分 1 929 920 个单元,1 980 300 个节点。数值模型的本构模型采用莫尔-库伦模型,模型中岩层力学参数的选取是根据室内实测的岩体力学参数确定的,岩层层理参数是参照第 2 章弱胶结砂岩的物理力学性能和微观几何特征确定的。模型底部边界选取 $a=b=c=0$(a 为 X 方向位移,b 为 Y 方向位移,c 为 Z 方向位移)全约束边界,顶部为自由边界,左右边界为水平位移约束边界。

(a) FLAC 3D 建模　　　　　　　　　(b) 地层分布示意图
　　　　　　　　　　　　　　　　　（括号内数据为岩层厚度）

图 3-1　三维数值模型示意图

为验证模型的可靠性,参照营盘壕煤矿的实际情况,模拟开采两个工作面,工作面面长 300 m,走向推进长度为 2 000 m,两个工作面相隔 300 m。根据模拟结果绘制了营盘壕煤矿深部开采地表沉陷模拟图,如图 3-2 所示。根据实测结果可知,C52 号点下沉量为 326 mm,相应位置模拟计算结果为 350 mm。由于在模拟试验中,工作面走向推进长度为 2 000 m,略大于实际开采情况,所以模拟计算结果比实际监测的最大下沉量略有偏大,模拟结果基本符合实际情况,建立的模型可靠。

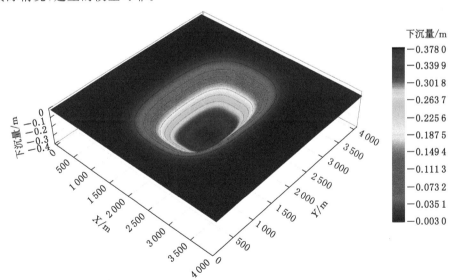

图 3-2　营盘壕煤矿深部开采地表沉陷模拟结果

依据营盘壕煤矿 22 采区综合柱状图,借助 UDEC6.0 数值模拟分析软件建立初始二维数值模型。该模型长 3 000 m,高 763 m,网格尺寸随岩层高度的变化略有不同。数值模型的本构模型采用莫尔-库仑模型,模型中岩层力学参数的选取根据室内实测的岩体力学参数确定。根据第 2 章中弱胶结砂岩的物理力学性能和微观几何特征,合理调整岩层节理和层理力学参数。模型底部边界为竖直方向位移约束边界,顶部边界为自由边界,左右边界为水平方向位移约束边界。

由图 3-3(a)可知,当工作面宽度为 300 m 时,导水裂缝带高度发育至煤层以上 116 m 处,与下文中相似材料模拟结果(导水裂缝带高度发育至煤层以上 112 m)和实测结果(导水裂缝带高度发育至煤层以上 115 m)基本一致。数值模拟结果显示,当工作面宽度为 300 m,地表最大下沉量为 407 mm,比实测值略微偏大。这是由于 UDEC 数值模拟分析软件所建立的模型是二维模型,走向方向可以看作无限开采,且块体之间有相互嵌入的现象发生,这使得同样采宽条件下模拟结果比实测结果偏大,说明所建立的数值模型是合理的。

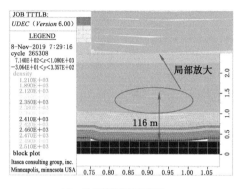

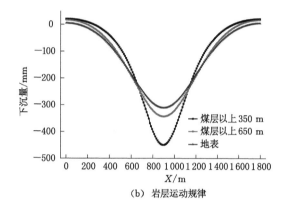

| (a) 导水裂缝带发育高度 | (b) 岩层运动规律 |

图 3-3 营盘壕煤矿岩层移动及覆岩破坏模拟结果

3.3 巨厚弱胶结覆岩深部开采地表移动变形影响因素及响应规律

3.3.1 开采因子对巨厚弱胶结覆岩深部开采地表移动变形规律的影响

(1)采动空间对巨厚弱胶结覆岩深部开采地表移动规律的影响

巨厚弱胶结覆岩深部开采地表下沉量明显偏小,若达到充分采动则需要更大的采动空间。为研究地表下沉系数、地表下沉范围与采动空间之间的关系,本书建立了 1 个深部单工作面开采数值模型(模型 A)和 2 个深部多工作面开采数值模型(模型 B_1 和模型 B_2)。各模型开采参数见表 3-1。

表 3-1 模型 A、B_1 和 B_2 开采参数

模型 A		模型 B_1			模型 B_2		
倾向宽度 /m	走向长度 /m	倾向宽度 /m	走向长度 /m	区段煤柱 宽度/m	倾向宽度 /m	走向长度 /m	区段煤柱 宽度/m
300	100	300	1 500	25	300	2 500	25
300	200	625	1 500	25	625	2 500	25
300	400	950	1 500	25	950	2 500	25
300	600	1 275	1 500	25	1 275	2 500	25

表 3-1(续)

模型 A		模型 B_1			模型 B_2		
倾向宽度 /m	走向长度 /m	倾向宽度 /m	走向长度 /m	区段煤柱 宽度/m	倾向宽度 /m	走向长度 /m	区段煤柱 宽度/m
300	800	1 600	1 500	25	1 600	2 500	25
300	1 000	1 925	1 500	25	1 925	2 500	25
300	1 200	2 250	1 500	25	2 250	2 500	25
300	1 400	2 575	1 500	25	2 575	2 500	25
300	1 600						
300	1 800						
300	2 000						
300	2 200						
300	2 500						

巨厚弱胶结覆岩深部单工作面开采地表移动变形规律如图 3-4 所示。由图可知,随着工作面不断推进,地表下沉量和相应水平移动值不断增大。当走向推进距离约为 2 200 m 时,走向方向达到充分采动,地表最大下沉量为 296 mm,即巨厚弱胶结覆岩深部单工作面开采时,当走向宽深比 $D_3/H_0 \geqslant 3$ 时,走向方向达到充分采动。

为进一步分析研究深部单工作面开采时宽深比与地表下沉系数 q、主要影响角正切值以及边界角等参数之间的关系,本书提取了相关数据,详见表 3-2。表中 S_W 为下沉边界距离采空区边界的距离,W_{max} 为地表最大下沉量。

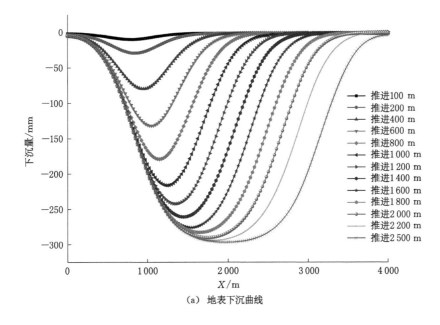

图例：
■ 推进100 m
● 推进200 m
▲ 推进400 m
▼ 推进600 m
◆ 推进800 m
◀ 推进1 000 m
▶ 推进1 200 m
★ 推进1 400 m
● 推进1 600 m
● 推进1 800 m
○ 推进2 000 m
— 推进2 200 m
— 推进2 500 m

(a) 地表下沉曲线

图 3-4 巨厚弱胶结覆岩深部单工作面开采地表移动变形规律(模型 A)

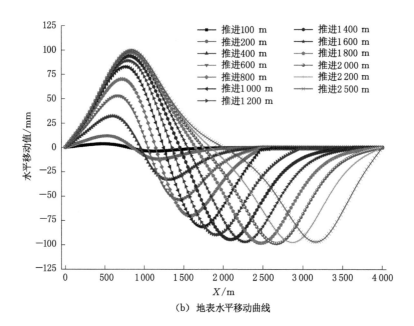

（b）地表水平移动曲线

图 3-4　（续）

表 3-2　巨厚弱胶结覆岩深部单工作面开采地表移动变形规律表征参数

推进距离/m	宽深比	S_w/m	主要影响角正切值	边界角/(°)	W_{max}/mm	q
100	0.14	25	29.00	88	10	0.009
200	0.28	375	1.93	63	30	0.019
400	0.55	500	1.45	55	80	0.035
600	0.83	525	1.38	54	132	0.047
800	1.10	550	1.32	53	179	0.055
1 000	1.38	550	1.32	53	216	0.063
1 200	1.66	550	1.32	53	242	0.070
1 400	1.93	550	1.32	53	261	0.076
1 600	2.21	550	1.32	53	276	0.080
1 800	2.48	550	1.32	53	283	0.082
2 000	2.76	525	1.38	54	290	0.084
2 200	3.03	525	1.38	54	293	0.085
2 500	3.45	525	1.38	54	296	0.086

　　根据表 3-2 的数据绘制了相应的变形曲线,并进行拟合,如图 3-5 所示。

　　由图 3-5(a)可知,随着走向采动程度(宽深比)的不断增大,走向边界角迅速减小。当走向采动程度为 1.10 时,走向边界角为 53°,并趋于稳定。走向采动程度与边界角呈 Boltzmann 函数关系,相关系数 $R^2 = 0.997$。由图 3-5(b)可知,随着走向采动程度的不断增大,下

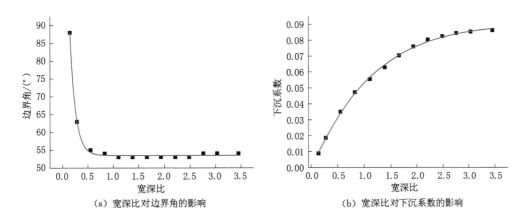

（a）宽深比对边界角的影响　　　　　　　（b）宽深比对下沉系数的影响

图 3-5　宽深比对地表移动变形表征参数的影响（模型 A）

沉系数变化速率逐渐减小，下沉系数逐渐增大。走向采动程度与下沉系数呈 Boltzmann 函数关系，相关系数 $R^2 = 0.998$。具体函数关系如式（3-1）所示，δ 为走向边界角。

$$\left. \begin{aligned} \delta &= 53 + \frac{16\ 089}{1 + e^{\frac{D_3/H_0 + 0.54}{0.11}}} \\ q &= 0.09 - \frac{0.5}{1 + e^{\frac{D_3/H_0 + 1.47}{0.98}}} \end{aligned} \right\} \tag{3-1}$$

巨厚弱胶结覆岩深部多工作面开采地表移动变形规律如图 3-6 所示。由图 3-6（a）可知，当走向推进距离为 1 500 m（$D_3/H_0 = 2$），且倾向开采宽度达到 2 倍采深，即倾向宽深比 $D_1/H_0 = 2$ 时，地表仍然没有达到充分采动。由图 3-6（b）可知，当走向推进距离为 2 500 m（$D_3/H_0 = 3.5$）时，倾向方向地表达到充分采动，地表最大下沉量为 5 399 mm，经计算，此时地表下沉系数为 0.9。

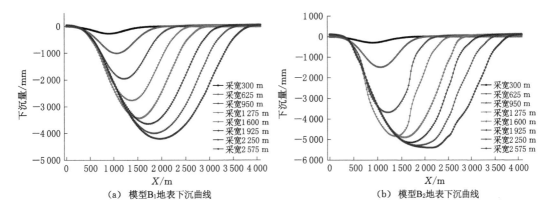

（a）模型 B_1 地表下沉曲线　　　　　　　（b）模型 B_2 地表下沉曲线

图 3-6　巨厚弱胶结覆岩深部多工作面开采地表移动变形规律

为了系统、直观地分析巨厚弱胶结覆岩深部多工作面开采岩层移动变形规律，本书提取了表征地表移动变形规律的相关参数（表 3-3），并绘制了宽深比与地表移动变形表征参数之间的关系曲线图（图 3-7 和图 3-8）

表 3-3 巨厚弱胶结覆岩深部多工作面开采地表移动变形规律表征参数

区段煤柱宽度/m	走向长度/m	采宽/m	走向宽深比	倾向宽深比	W_{max}/mm	最大水平移动值/mm	q	水平移动系数 b
25	2 500	300	3.45	0.41	295	139	0.09	0.47
		625	3.45	0.86	1 499	691	0.30	0.46
		950	3.45	1.31	3 689	1 596	0.61	0.43
		1 275	3.45	1.76	4 849	2 052	0.81	0.42
		1 600	3.45	2.21	4 899	1 958	0.82	0.40
		1 925	3.45	2.65	5 154	1 975	0.86	0.38
		2 250	3.45	3.10	5 296	1 957	0.88	0.37
		2 575	3.45	3.55	5 400	1 929	0.90	0.36
25	1 500	300	2.07	0.41	265	120	0.08	0.45
		625	2.07	0.86	1 000	435	0.20	0.44
		950	2.07	1.31	1 942	815	0.32	0.42
		1 275	2.07	1.76	2 748	1 098	0.46	0.40
		1 600	2.07	2.21	3 420	1 283	0.57	0.38
		1 925	2.07	2.65	3 652	1 241	0.61	0.34
		2 250	2.07	3.10	4 001	1 295	0.67	0.32
		2 575	2.07	3.55	4 207	1 306	0.70	0.31

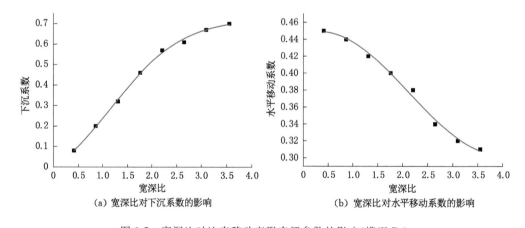

(a) 宽深比对下沉系数的影响　　　　(b) 宽深比对水平移动系数的影响

图 3-7 宽深比对地表移动变形表征参数的影响(模型 B₁)

由图 3-7(a)可知,当走向推进距离为 1 500 m 时,随着倾向采动程度(倾向宽深比)的不断增大,地表下沉系数逐渐增大。倾向采动程度与地表下沉系数呈 Boltzmann 函数关系,相关系数 $R^2=0.997$。由图 3-7(b)可知,当走向推进距离为 1 500 m 时,随着倾向采动程度的不断增大,地表水平移动系数逐渐减小。倾向采动程度(宽深比)与水平移动系数呈正弦函数变化关系,相关系数 $R^2=0.989$。具体函数关系如式(3-2)所示。

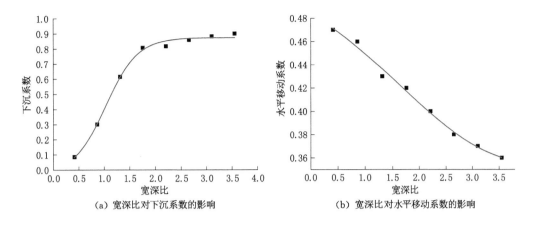

（a）宽深比对下沉系数的影响　　　　　（b）宽深比对水平移动系数的影响

图 3-8　宽深比对地表移动变形表征参数的影响（模型 B_2）

$$b = 0.38 + 0.07\sin\left[\frac{\pi(D_1 / H_0 + 1.51)}{3.65}\right]$$
$$q = 0.73 - \frac{0.86}{1 + e^{\frac{D_1/H_0 - 1.20}{0.72}}}$$
$$\left.\right\} \quad (3\text{-}2)$$

由图 3-8（a）可知，当走向推进距离为 2 500 m 时，随着倾向采动程度的不断增大，地表下沉系数逐渐增大，地表下沉系数变化速率先增大后减小。倾向采动程度与地表下沉系数呈 Boltzmann 函数关系，相关系数 $R^2 = 0.993$。由图 3-8（b）可知，当走向推进距离为 2 500 m 时，随着倾向采动程度的不断增大，地表水平移动系数逐渐减小。倾向采动程度与水平移动系数呈正弦函数关系，相关系数 $R^2 = 0.987$。具体函数关系如式（3-3）所示。

$$b = 0.42 + 0.07\sin\left[\frac{\pi(D_1 / H_0 + 3.47)}{5.03}\right]$$
$$q = 0.87 - \frac{0.89}{1 + e^{\frac{D_1/H_0 - 1.03}{0.31}}}$$
$$\left.\right\} \quad (3\text{-}3)$$

为了研究走向推进距离变化对巨厚弱胶结覆岩深部多工作面开采地表移动变形规律的影响，本书将倾向同等采动程度条件下，模型 B_1 和 B_2 的地表下沉系数和水平移动系数作差（表 3-4），并绘制成如图 3-9 所示的变化曲线。

表 3-4　模型 B_1 和 B_2 地表移动变形规律参数差值

宽深比	0.41	0.86	1.31	1.76	2.21	2.65	3.10	3.55
地表下沉系数差值	0.01	0.10	0.29	0.35	0.25	0.25	0.21	0.20
水平移动系数差值	0.02	0.02	0.01	0.02	0.02	0.04	0.05	0.05

由图 3-9（a）可知，随着倾向采动程度的增大，模型 B_1 和 B_2 的地表下沉系数差值先增大后减小，最后趋于定值。地表下沉系数差值最大值为 0.35，为模型 B_1 相应下沉系数的 76.1%，地表下沉系数差值的稳定值约为 0.20。

由图 3-9（b）可知，随着采动程度的增大，水平移动系数差值逐渐增大，并趋于稳定，水

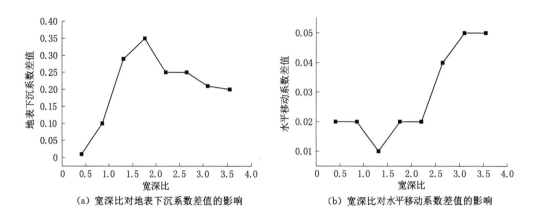

（a）宽深比对地表下沉系数差值的影响　　　　（b）宽深比对水平移动系数差值的影响

图 3-9　宽深比对深部多工作面开采地表移动变形表征参数差值的影响

平移动系数差值最大值约为 0.05，为模型 B_1 相应水平移动系数的 16.1%。

　　为了探索巨厚弱胶结覆岩深部多工作面开采下沉边界的扩展规律，本书提取了模型 B_1 和模型 B_2 中不同采动程度条件下地表下沉边界距离采空区边界的距离（S_w），并计算了相应的主要影响角正切值和地表下沉边界角，见表 3-5。

表 3-5　地表下沉边界表征参数

宽深比	模型 B_1			模型 B_2		
	S_w/m	主要影响角正切值	边界角/(°)	S_w/m	主要影响角正切值	边界角/(°)
0.41	700	1.04	46	725	1.00	45
0.86	650	1.12	48	650	1.12	48
1.31	575	1.26	52	550	1.32	53
1.76	525	1.38	54	525	1.38	54
2.21	500	1.45	55	500	1.45	55
2.66	500	1.45	55	500	1.45	55
3.10	500	1.45	55	500	1.45	55
3.55	475	1.53	57	475	1.53	57

　　为直观地分析宽深比与主要影响角正切值以及边界角之间的关系，根据表 3-5 中的数据绘制了相关曲线，如图 3-10 所示。

　　由图 3-10(a)可知，当走向推进距离为 1 500 m（$D_3/H_0=2$）时，随着倾向采动程度的不断增大，下沉边界距离采空区边界的距离越来越小，主要影响角正切值逐渐增大，主要影响角正切值变化速率先增大后减小。倾向采动程度与主要影响角正切值呈 Boltzmann 函数关系，相关系数 $R^2=0.972$。由图 3-10(b)可知，当走向推进距离为 2 500 m（$D_3/H_0>3$）时，随着倾向采动程度的不断增大，下沉边界距离采空区边界的距离越来越小，主要影响角正切值逐渐增大，主要影响角正切值变化速率逐渐减小。倾向采动程度与主要影响角正切值呈 Boltzmann 函数关系，相关系数 $R^2=0.96$。具体函数关系如式(3-4)所示。

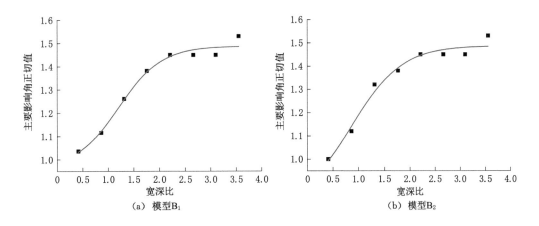

图 3-10 宽深比对主要影响角正切值的影响

$$\left.\begin{array}{l} \tan \beta = 1.49 - \dfrac{0.53}{1 + \mathrm{e}^{\frac{D_1/H_0 - 1.21}{0.42}}} \left(模型\ B_1\right) \\[4mm] \tan \beta = 1.49 - \dfrac{0.69}{1 + \mathrm{e}^{\frac{D_1/H_0 - 0.86}{0.49}}} \left(模型\ B_2\right) \end{array}\right\} \qquad (3\text{-}4)$$

（2）巨厚弱胶结覆岩深部多煤层开采地表移动变形规律的数值模拟

东胜煤田煤炭资源极其丰富,含 2、3、4、5、6、7 共计 6 个煤层,现主要开采 2-2 煤层。随着 2-2 煤层资源的大规模开发,东胜煤田必将涉及巨厚弱胶结覆岩深部多煤层开采岩层移动问题。巨厚弱胶结覆岩深部多煤层开采会造成原破裂岩体重新活化,加剧岩层及地表的破坏程度。由于巨厚弱胶结覆岩深部开采岩层运动规律具有特殊性,该地质条件下的深部多煤层开采岩层运动规律极有可能与中东部矿区深部多煤层开采岩层运动规律不同。因此,本书以营盘壕煤矿为地质原型,分析开采 2-2 煤层、3-1 煤层引起的岩层及地表移动变形规律。

营盘壕煤矿 22 采区综合柱状图如图 2-2 所示。为方便分析,设定 2-2 煤层和 3-1 煤层厚度均为 6 m,煤层倾角为 0°,建立长 4 500 m、宽 4 500 m、高 804 m 的三维数值模型。本构模型仍然采用莫尔-库伦模型,模型边界条件仍然选取 $a = b = c = 0$（a 为 X 方向位移,b 为 Y 方向位移,c 为 Z 方向位移）全约束边界,顶部为自由边界,左右边界为水平位移约束边界。本小节分别对 2-2 煤层、3-1 煤层单独开采,以及 2-2 煤层和 3-1 煤层连续开采进行数值模拟研究,模型每次开挖尺寸为宽 300 m、长 2 520 m。相关地表移动变形数据如图 3-11～图 3-13 和表 3-6 所示。

为深入分析巨厚弱胶结覆岩多煤层开采地表移动变形规律,分别提取了 2-2 煤层开采、3-1 煤层初采、3-1 煤层复采和多煤层连续开采地表移动变形规律的表征参数,详见表 3-6。为直观分析宽深比与地表下沉系数、水平移动系数和主要影响角之间的关系,根据表 3-6 的数据绘制相关曲线,如图 3-14～图 3-17 所示。

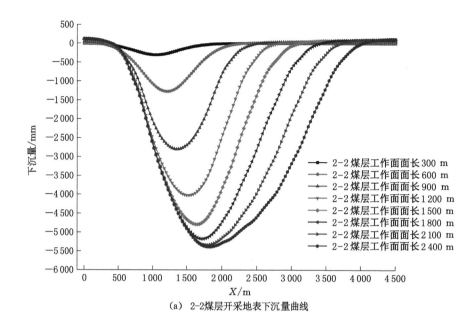

（a）2-2 煤层开采地表下沉量曲线

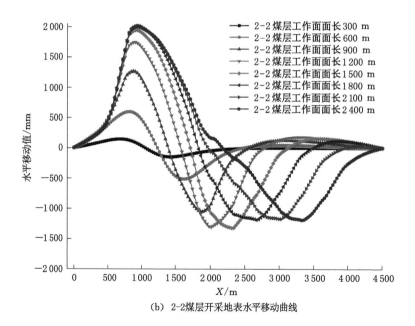

（b）2-2 煤层开采地表水平移动曲线

图 3-11　2-2 煤层开采地表移动变形规律

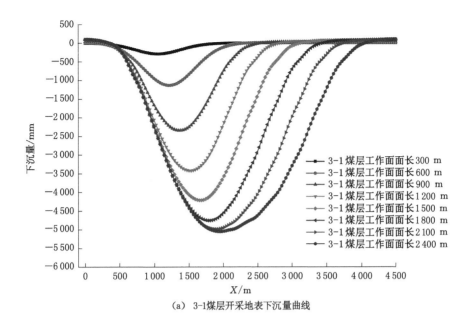

（a）3-1煤层开采地表下沉量曲线

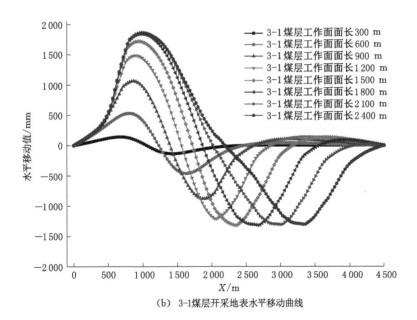

（b）3-1煤层开采地表水平移动曲线

图 3-12　3-1 煤层开采地表移动变形规律

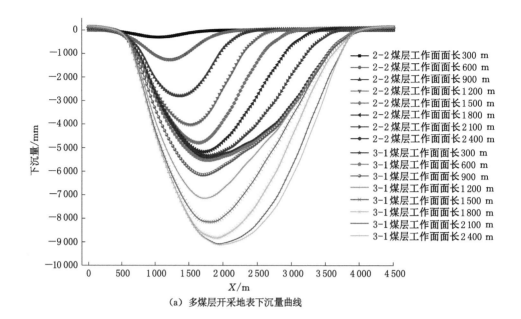

（a）多煤层开采地表下沉量曲线

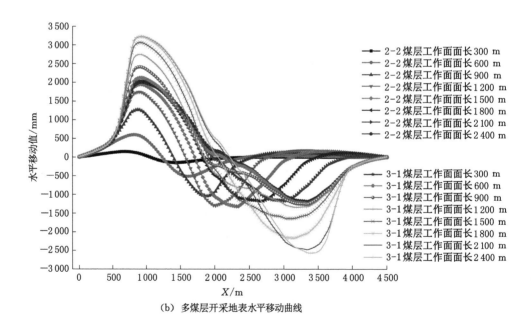

（b）多煤层开采地表水平移动曲线

图 3-13　多煤层开采地表移动变形规律

表 3-6 地表移动变形表征参数

名称	宽深比	W_{max}	q	U_{max}	b	S_w/m	主要影响角正切值	边界角/(°)
	0.41	307	0.09	147	0.48	780	0.93	43
	0.87	1 278	0.26	590	0.46	750	0.97	44
	1.37	2 807	0.47	1 261	0.45	630	1.15	49
2-2 煤层	1.82	4 031	0.67	1 737	0.43	600	1.21	50
开采	2.28	4 796	0.80	1 944	0.41	570	1.27	52
	2.73	5 181	0.86	2 012	0.39	540	1.34	53
	3.19	5 344	0.89	2 011	0.38	540	1.34	53
	3.64	5 394	0.90	1 995	0.37	510	1.42	55
	0.39	292	0.09	141	0.48	750	1.01	45
	0.83	1 129	0.24	528	0.47	720	1.06	47
	1.30	2 338	0.40	1 060	0.45	660	1.15	49
3-1 煤层	1.73	3 413	0.57	1 481	0.43	630	1.21	50
初采	2.17	4 215	0.70	1 717	0.41	600	1.27	52
	2.60	4 752	0.79	1 837	0.39	570	1.34	53
	3.04	4 981	0.83	1 860	0.37	540	1.41	55
	3.47	5 046	0.84	1 850	0.37	540	1.41	55
	0.39	128	0.03	70	0.54	2 610	0.29	16
	0.83	294	0.05	143	0.49	2 310	0.33	18
	1.30	972	0.16	441	0.45	1 980	0.38	21
3-1	1.73	1 849	0.31	773	0.42	1 620	0.47	25
煤层复采	2.17	2 779	0.46	1 080	0.39	1 290	0.59	31
	2.60	3 481	0.58	1 227	0.35	1 050	0.72	36
	3.04	3 782	0.63	1 248	0.33	750	1.01	45
	3.47	3 937	0.66	1 249	0.32	420	1.81	58
多煤层 连续开采		9 132	0.76	3 238	0.35	480	1.59	58

由图 3-14(a)可知,当开采 2-2 煤层时,随着采动程度的不断增大,地表下沉系数逐渐增大,下沉系数变化速率先增大后减小,地表下沉系数最大值约为 0.90。采动程度与地表下沉系数之间呈 Boltzmann 函数关系,相关系数 $R^2 = 0.999$。由图 3-14(b)可知,当开采 2-2 煤层时,随着采动程度的不断增大,地表水平移动系数逐渐减小,水平移动系数变化速率先增大后减小,水平移动系数变化范围为 $0.37 \sim 0.48$。采动程度与水平移动系数之间呈 Boltzmann 函数关系,相关系数 $R^2 = 0.995$。具体函数关系如式(3-5)所示。

$$\left. \begin{array}{l} b = 0.36 + \dfrac{0.13}{1 + e^{\frac{D_1/H_0 - 1.89}{0.68}}} \\[4mm] q = 0.91 - \dfrac{0.96}{1 + e^{\frac{D_1/H_0 - 1.29}{0.50}}} \end{array} \right\} \tag{3-5}$$

由图 3-15(a)可知,当开采 3-1 煤层时,随着采动程度的不断增大,地表下沉系数逐渐增

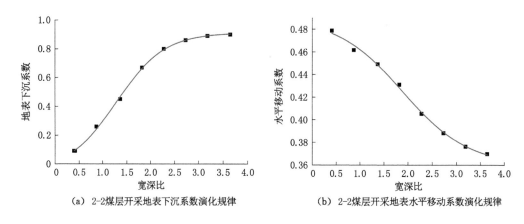

（a）2-2煤层开采地表下沉系数演化规律　　　　（b）2-2煤层开采地表水平移动系数演化规律

图 3-14　2-2 煤层开采地表移动变形表征参数演化规律

大，下沉系数变化速率先增大后减小，地表下沉系数最大值约为 0.84。采动程度与地表下沉系数之间呈 Boltzmann 函数关系，相关系数 $R^2=0.998$。由图 3-15（b）可知，当开采 3-1 煤层时，随着采动程度的不断增大，地表水平移动系数逐渐减小，水平移动系数变化速率先增大后减小，水平移动系数变化范围为 0.37～0.48。采动程度与水平移动系数之间呈 Boltzmann 函数关系，相关系数 $R^2=0.997$。具体函数关系如式（3-6）所示。

$$
\left.
\begin{aligned}
b &= 0.36 + \frac{0.13}{1+\mathrm{e}^{\frac{D_1/H_0-1.96}{0.63}}} \\
q &= 0.86 - \frac{0.89}{1+\mathrm{e}^{\frac{D_1/H_0-1.42}{0.57}}}
\end{aligned}
\right\} \tag{3-6}
$$

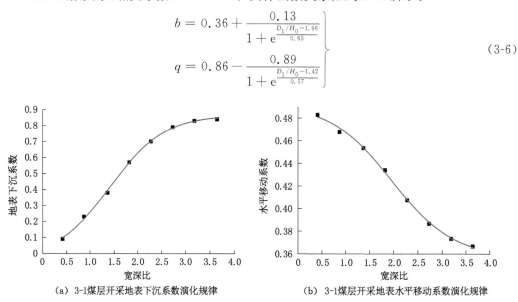

（a）3-1煤层开采地表下沉系数演化规律　　　　（b）3-1煤层开采地表水平移动系数演化规律

图 3-15　3-1 煤层开采地表移动变形表征参数演化规律

由图 3-16（a）可知，当复采 3-1 煤层时，随着采动程度的不断增大，地表下沉系数逐渐增大，下沉系数变化速率先增大后减小，地表下沉系数最大值约为 0.66。采动程度与地表下沉系数之间呈 Boltzmann 函数关系，相关系数 $R^2=0.999$。由图 3-16（b）可知，当复采 3-1 煤层时，随着采动程度的不断增大，地表水平移动系数逐渐减小，水平移动系数变化速率逐渐减小，水平移动系数变化范围为 0.33～0.54。采动程度与水平移动系数之间呈幂指数函数关系,相关系数 $R^2=0.995$。具体函数关系如式(3-7)所示。

$$
\left.\begin{aligned}
b &= 0.43\, \mathrm{e}^{-\frac{D_1/H_0}{3.72}} + 0.15 \\
q &= 0.67 - \frac{0.67}{1 + \mathrm{e}^{\frac{D_1/H_0 - 1.90}{0.46}}}
\end{aligned}\right\} \tag{3-7}
$$

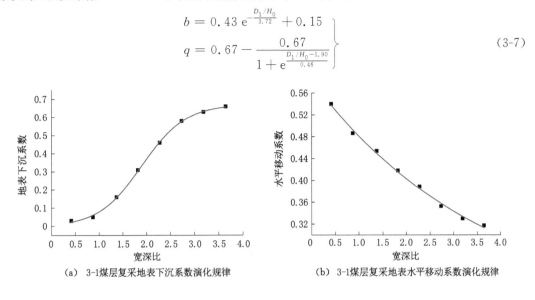

（a）3-1煤层复采地表下沉系数演化规律　　（b）3-1煤层复采地表水平移动系数演化规律

图 3-16　3-1 煤层复采地表移动变形表征参数演化规律

由图 3-17(a)可知,当开采 2-2 煤层时,随着采动程度的不断增大,主要影响角正切值逐渐增大,主要影响角正切值变化速率逐渐减小,主要影响角正切值变化范围为 0.93～1.42,

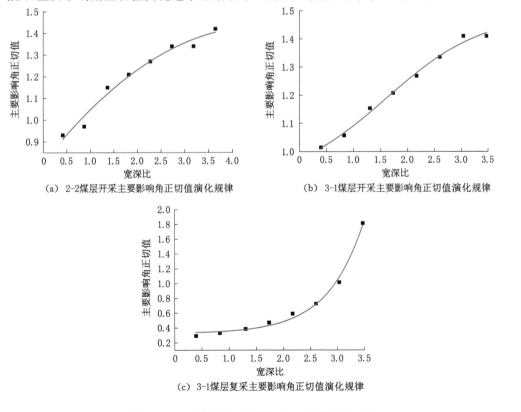

（a）2-2煤层开采主要影响角正切值演化规律　　（b）3-1煤层开采主要影响角正切值演化规律

（c）3-1煤层复采主要影响角正切值演化规律

图 3-17　多煤层开采主要影响角正切值演化规律

边界角变化范围为 $43° \sim 55°$。采动程度与主要影响角正切值之间呈二次多项式函数关系，相关系数 $R^2 = 0.968$。由图 3-17(b) 可知，当开采 2-2 煤层时，随着采动程度的不断增大，主要影响角正切值逐渐增大，主要影响角正切值变化速率先增大后减小，主要影响角正切值变化范围为 $1.01 \sim 1.41$，边界角变化范围为 $45° \sim 55°$。采动程度与主要影响角正切值之间呈 Boltzmann 函数关系，相关系数 $R^2 = 0.988$。由图 3-17(c) 可知，当复采 3-1 煤层时，随着采动程度的不断增大，主要影响角正切值逐渐增大，主要影响角正切值变化速率逐渐增大，主要影响角正切值变化范围为 $0.29 \sim 1.01$，边界角变化范围为 $16° \sim 58°$。采动程度与主要影响角正切值之间呈幂指数函数关系，相关系数 $R^2 = 0.989$。具体函数关系如式 (3-8) 所示。

$$\left.\begin{aligned} \tan \beta &= 0.80 + 0.27(D_1 / H_0) - 0.03(D_1 / H_0)^2 \quad \text{（开采 2-2 煤层）} \\ \tan \beta &= 1.49 - \frac{0.6}{1 + e^{\frac{D_1/H_0 - 1.61}{0.89}}} \quad \text{（初采 3-1 煤层）} \\ \tan \beta &= 0.008\, e^{\frac{D_1/H_0}{0.66}} + 0.32 \quad \text{（复采 3-1 煤层）} \end{aligned}\right\} \quad (3\text{-}8)$$

为进一步分析巨厚弱胶结覆岩深部煤层复采和初采地表移动变形表征参数之间的关系，本书将 3-1 煤层初采和复采时的地表移动变形参数进行对比，并绘制了相关曲线，如图 3-18 所示。

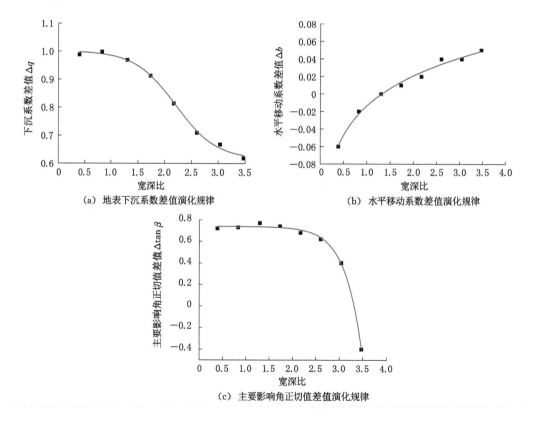

（a）地表下沉系数差值演化规律　　　　（b）水平移动系数差值演化规律

（c）主要影响角正切值差值演化规律

图 3-18　3-1 煤层初采与复采地表移动变形表征参数差值与宽深比函数关系

由图 3-18(a) 可知，3-1 煤层初采地表下沉系数与复采地表下沉系数之间呈 Boltzmann 函数关系，相关系数 $R^2 = 0.995$。具体数学表达式如式 (3-9) 所示。

$$\Delta q = 0.615 + \frac{0.385}{1 + e^{\frac{D_1/H_0 - 2.199}{0.382}}} \tag{3-9}$$

则煤层初采地表下沉系数 $q_{初}$ 与复采地表下沉系数 $q_{复}$ 之间的关系可表示为：

$$q_{复} = \sqrt[4]{1 - \Delta q}\, q_{初} = \sqrt[4]{0.385 - \frac{1 - 0.615}{1 + e^{\frac{D_1/H_0 - 2.199}{0.382}}}}\, q_{初} \tag{3-10}$$

由图 3-18(b)可知,3-1 煤层初采水平移动系数与复采水平移动系数之间呈幂指函数关系,相关系数 $R^2 = 0.987$。具体数学表达式为：

$$\Delta b = -0.015 + 0.05\ln(D_1/H_0 + 0.036) \tag{3-11}$$

则煤层初采水平移动系数 $b_{初}$ 与复采水平移动系数 $b_{复}$ 之间的关系可表示为：

$$b_{复} = b_{初} - \Delta b = b_{初} + 0.015 - 0.05\ln(D_1/H_0 + 0.036) \tag{3-12}$$

由图 3-18(c)可知,3-1 煤层初采主要影响角正切值与复采主要影响角正切值之间呈 Boltzmann 函数关系,相关系数 $R^2 = 0.996$。具体数学表达式为：

$$\Delta\tan\beta = -750 + \frac{751.036}{1 + e^{\frac{D_1/H_0 - 5.831}{0.364}}} \tag{3-13}$$

则煤层初采主要影响角正切值 $\tan\beta_{初}$ 与复采主要影响角正切值 $\tan\beta_{复}$ 之间的关系可表示为：

$$\tan\beta_{复} = \tan\beta_{初} - \Delta\tan\beta = \tan\beta_{初} + 750 - \frac{751.036}{1 + e^{\frac{D_1/H_0 - 5.831}{0.364}}} \tag{3-14}$$

根据以上分析可知,巨厚弱胶结覆岩深部多煤层开采地表移动变形规律有如下特点：

① 煤层初采时,随着采深的增大,同等采动程度条件下地表下沉系数减小,而充分采动程度条件下地表移动边界角不发生变化。

② 两煤层连续开采后,地表最大下沉值小于两煤层单独开采最大下沉值之和,重复采动活化下沉系数为负值。

③ 受重复采动的影响,地表移动边界角较初次采动略有增大。

(3) 区段煤柱及工作面尺寸变化对巨厚弱胶结覆岩地表移动规律的影响

工作面之间常留设区段煤柱,以防止工作面掘进过程中积水灌入相邻工作面,保护相邻工作面开采不受影响。区段煤柱的存在具有一定的支撑作用,即使发生屈服破坏,它也能填充部分下沉空间,限制上覆岩层的移动。同时,相邻工作面的尺寸对于区段煤柱的限制作用有显著影响。因此,根据研究区域地质采矿条件和采煤效益需求,本小节通过变换区段煤柱和工作面尺寸来研究区段煤柱尺寸对上覆岩层运动规律的影响。模拟方案见表 3-7。

表 3-7 不同工作面及区段煤柱尺寸岩层运动规律模拟研究方案设计

区段煤柱宽度/m	15	20	25	30
工作面宽度/m	180	180	180	180
	240	240	240	240
	300	300	300	300
采深/m	725	725	725	725
采厚/m	6	6	6	6

为了提高计算效率,根据表 3-7 的模拟方案采用 UDEC 6.0 软件进行数值计算。当开采范围较大时,地表局部区域无法提取变形值,因此本书提取了志丹群砂岩基岩面移动变形表征参数来代替地表移动变形表征参数。

图 3-19 为工作面尺寸为 180 m 时,区段煤柱尺寸变化时的地表下沉曲线。为进一步直观地分析当工作面尺寸为 180 m 时,区段煤柱尺寸对地表移动变形规律的影响,本书提取了表征地表移动变形的参数值(表 3-8),并绘制了相应的关系曲线图(图 3-20)。

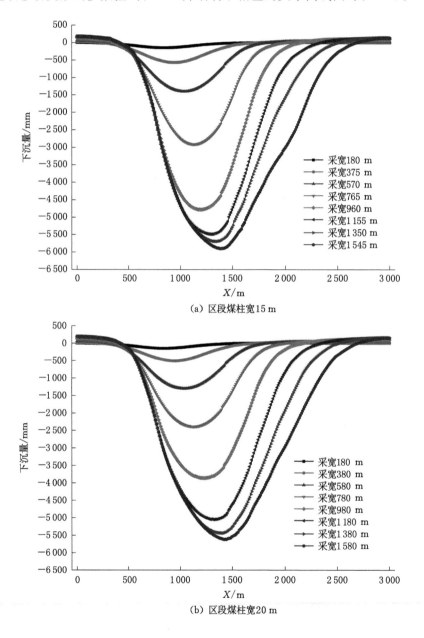

(a) 区段煤柱宽 15 m

(b) 区段煤柱宽 20 m

图 3-19 工作面尺寸为 180 m 时,区段煤柱尺寸变化时的地表下沉曲线

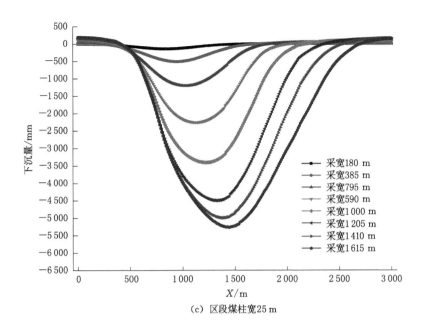

（c）区段煤柱宽25 m

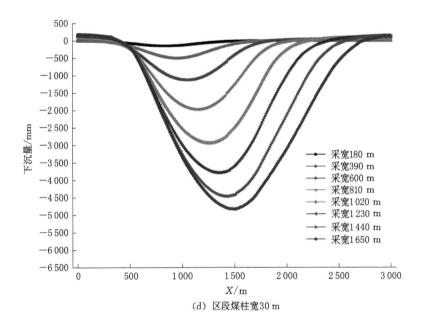

（d）区段煤柱宽30 m

图 3-19 （续）

表 3-8　工作面宽 180 m 时区段煤柱尺寸对地表移动变形规律的影响

工作面宽 180 m，区段煤柱宽 15 m			工作面宽 180 m，区段煤柱宽 20 m			工作面宽 180 m，区段煤柱宽 25 m			工作面宽 180 m，区段煤柱宽 30 m		
宽深比	q	主要影响角正切值	宽深比	q	主要影响角正切值	宽深比	q	主要影响角正切值	宽深比	q	主要影响角正切值
0.25	0.06	1.23	0.25	0.06	1.23	0.25	0.06	1.23	0.25	0.06	1.23
0.52	0.15	1.28	0.52	0.13	1.25	0.53	0.13	1.26	0.54	0.13	1.22
0.79	0.30	1.45	0.80	0.27	1.42	0.81	0.25	1.45	0.83	0.23	1.37
1.05	0.53	1.60	1.07	0.43	1.58	1.10	0.40	1.60	1.12	0.35	1.44
1.32	0.80	1.73	1.35	0.64	1.69	1.38	0.57	1.69	1.40	0.49	1.48
1.59	0.92	1.75	1.63	0.84	1.77	1.66	0.75	1.79	1.69	0.63	1.50
1.86	0.95	1.82	1.90	0.91	1.86	1.94	0.83	1.91	1.98	0.74	1.54
2.13	0.98	1.94	2.18	0.94	2.02	2.22	0.88	2.10	2.27	0.80	1.67

由图 3-20(a)可知，当工作面尺寸为 180 m 时，随着采动程度的增大，地表下沉系数逐渐增大，地表下沉速率先增大后减小。当煤柱宽度分别为 15 m、20 m、25 m 和 30 m 时，对应的地表下沉系数为 0.98、0.94、0.88 和 0.80。采动程度与地表下沉系数呈 Boltzmann 函数关系，煤柱宽度分别为 15 m、20 m、25 m 和 30 m 时对应的相关系数 R^2 为 0.998、0.997、0.998 和 0.998。

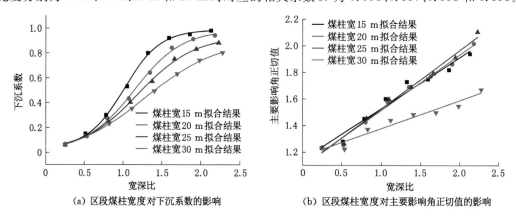

（a）区段煤柱宽度对下沉系数的影响　　　（b）区段煤柱宽度对主要影响角正切值的影响

图 3-20　工作面尺寸为 180 m 时区段煤柱尺寸对宽深比与地表移动变形表征参数关系的影响

由图 3-20(b)可知，当工作面尺寸为 180 m 时，随着采动程度的增大，主要影响角正切值逐渐增大。煤柱宽度分别为 15 m、20 m、25 m 和 30 m 时，对应的主要影响角正切值变化范围为 1.23～1.94、1.23～2.02、1.23～2.10 和 1.23～1.67。采动程度与主要影响角正切值呈线性函数关系，煤柱宽度分别为 15 m、20 m、25 m 和 30 m 时对应的相关系数 R^2 为 0.963、0.984、0.985 和 0.936。

将工作面尺寸为 180 m、区段煤柱尺寸为 15 m 时的地表移动变形参数作为基础数据，工作面尺寸为 180 m、区段煤柱尺寸分别为 20 m、25 m 和 30 m 时的地表移动变形参数作为对照数据，进行对比分析，绘制如图 3-21 所示的关系曲线。

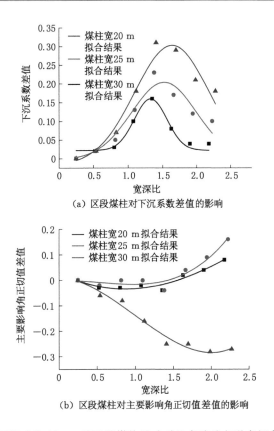

（a）区段煤柱对下沉系数差值的影响

（b）区段煤柱对主要影响角正切值差值的影响

图 3-21 工作面尺寸为 180 m 时区段煤柱尺寸对地表移动变形表征参数差值的影响

由图 3-21(a)可知,当工作面尺寸为 180 m 时,随着采动程度的增大,地表下沉系数差值先增大后减小。当宽深比分别为 1.35(煤柱宽 20 m)、1.38(煤柱宽 25 m)和 1.40(煤柱宽 30 m)时,相对应的地表下沉系数差值达到最大值 0.16、0.23 和 0.31。采动程度与地表下沉系数差值呈 Gauss 函数关系,煤柱宽度分别为 20 m、25 m 和 30 m 时对应的相关系数 R^2 为 0.912、0.851 和 0.924。随着采动程度的增大,区段煤柱对上覆岩层下沉的限制作用先增强后减弱。同等采动程度条件下,随着区段煤柱尺寸的增大,地表下沉系数差值是逐渐增大的,即随着区段煤柱尺寸的增大,区段煤柱对上覆岩层下沉的限制作用逐渐增强。

由图 3-21(b)可知,当工作面宽 180 m、区段煤柱分别宽 20 m 和 25 m 时,随着采动程度的增大,主要影响角正切值差值先减小后增大,即随着采动程度的增大,下沉边界距离采空区边界的距离先增大后减小。当工作面宽 180 m、区段煤柱宽 30 m 时,随着采动程度的增大,主要影响角正切值差值逐渐增大,即随着采动程度的增大,下沉边界距离采空区边界的距离逐渐减小。采动程度与主要影响角正切值差值呈三次多项式函数关系,煤柱宽度分别为 20 m、25 m 和 30 m 时对应的相关系数 R^2 为 0.875、0.873 和 0.963。同等采动程度条件下,随着区段煤柱尺寸的增大,主要影响角正切值差值先增大后减小,即下沉边界距离采空区边界的距离先减小后增大。

图 3-22 为工作面尺寸为 240 m 时区段煤柱尺寸变化时的地表下沉曲线。为进一步直观地分析当工作面尺寸为 240 m 时,区段煤柱尺寸对地表移动变形规律的影响,本书提取

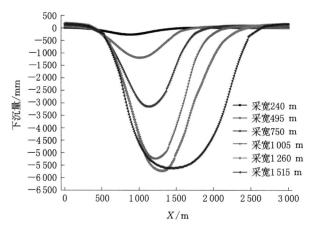

(a) 区段煤柱宽15 m

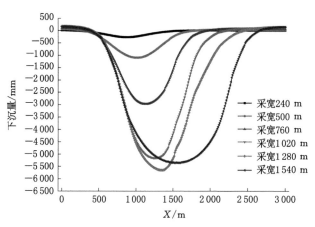

(b) 区段煤柱宽20 m

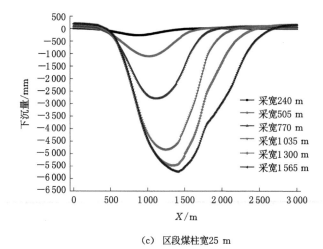

(c) 区段煤柱宽25 m

图 3-22 工作面尺寸为 240 m 时,区段煤柱尺寸变化时的地表下沉曲线

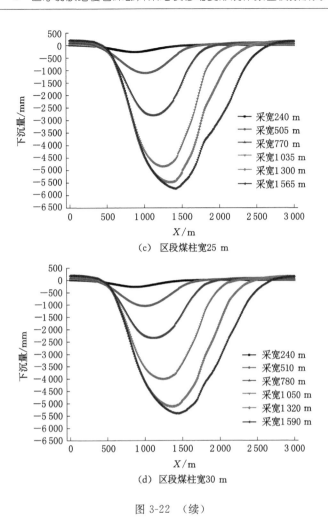

（c）区段煤柱宽25 m

（d）区段煤柱宽30 m

图 3-22　（续）

了表征地表移动变形的参数值（表3-9），并绘制了相应的关系曲线图（图3-23 和图3-24）。

表 3-9　工作面尺寸为 240 m 时区段煤柱尺寸对地表移动变形规律的影响

工作面宽 240 m，区段煤柱宽 15 m			工作面宽 240 m，区段煤柱宽 20 m			工作面宽 240 m，区段煤柱宽 25 m			工作面宽 240 m，区段煤柱宽 30 m		
宽深比	q	主要影响角正切值	宽深比	q	主要影响角正切值	宽深比	q	主要影响角正切值	宽深比	q	主要影响角正切值
0.33	0.09	1.25	0.33	0.09	1.25	0.33	0.09	1.25	0.33	0.09	1.25
0.68	0.27	1.44	0.69	0.25	1.40	0.70	0.25	1.44	0.70	0.23	1.42
1.03	0.58	1.61	1.05	0.54	1.61	1.06	0.51	1.61	1.07	0.42	1.61
1.38	0.87	1.71	1.40	0.86	1.73	1.43	0.81	1.79	1.45	0.67	1.73
1.74	0.95	1.73	1.76	0.94	1.77	1.79	0.91	1.82	1.82	0.85	1.86
2.09	0.94	1.99	2.12	0.89	2.02	2.16	0.96	1.99	2.19	0.90	2.07

由图3-23(a)可知,当工作面尺寸为240 m时,随着采动程度的增大,地表下沉系数逐渐增大,地表下沉速率先增大后减小。采动程度与地表下沉系数呈 Boltzmann 函数关系,煤柱宽度分别为 15 m、25 m 和 30 m 时对应的相关系数 R^2 为 0.996、0.998 和 0.997。

由图3-23(b)可知,当工作面尺寸为 240 m、区段煤柱宽度为 20 m 时,随着采动程度的增大,地表下沉系数先增大后减小。采动程度与地表下沉系数呈正弦函数关系,相关系数 R^2 为 0.993。

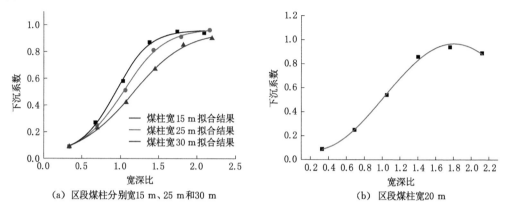

(a) 区段煤柱分别宽15 m、25 m和30 m   (b) 区段煤柱宽20 m

图 3-23　工作面尺寸为 240 m 时区段煤柱尺寸对宽深比与地表下沉系数关系的影响

由图3-24(a)可知,当工作面尺寸为 240 m 时,随着采动程度的增大,主要影响角正切值逐渐增大。煤柱宽度分别为 15 m、25 m 和 30 m 时对应的主要影响角正切值变化范围为 1.25～1.99、1.25～1.99 和 1.25～2.07。采动程度与主要影响角正切值呈三次多项式函数关系,煤柱宽度分别为 15 m、25 m 和 30 m 时对应的相关系数 R^2 为 0.959、0.973、0.994。

由图3-24(b)可知,当工作面尺寸为 240 m、区段煤柱宽度为 20 m 时,随着采动程度的增大,主要影响角正切值逐渐增大,主要影响角正切值的变化范围为 1.25～2.02。采动程度与主要影响角正切值呈线性函数关系,相关系数 R^2 为 0.965。

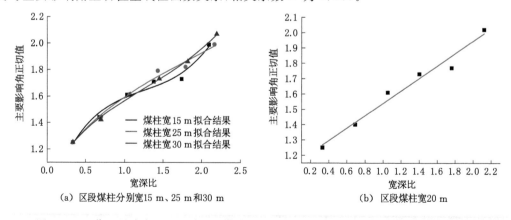

(a) 区段煤柱分别宽15 m、25 m和30 m   (b) 区段煤柱宽20 m

图 3-24　工作面尺寸为 240 m 时区段煤柱尺寸对宽深比与主要影响角正切值关系的影响

将工作面尺寸为 240 m、区段煤柱尺寸为 15 m 时地表移动变形参数看作基础数据,工作面尺寸为 240 m、区段煤柱尺寸分别为 20 m、25 m 和 30 m 时地表移动变形参数看作对照数据,进行对比分析,绘制如图 3-25 所示的关系曲线。

由图 3-25(a)可知,当工作面尺寸为 240 m、区段煤柱尺寸为 20 m 时,随着采动程度的增大,地表下沉系数差值先增大后减小再增大,地表下沉系数差值最大值为 0.05。当工作面尺寸为 240 m、区段煤柱尺寸分别为 25 m 和 30 m 时,随着采动程度的增大,地表下沉系数差值先增大后减小,地表下沉系数差值最大值分别为 0.07 和 0.20。采动程度与地表下沉系数差值呈正弦函数关系,煤柱宽度分别为 20 m、25 m、30 m 时对应的相关系数 R^2 为 0.938、0.826、0.929,即随着采动程度的增大,区段煤柱对上覆岩层下沉的限制作用呈现先增强后减弱再增强的规律。并且,在同等采动程度条件下,随着区段煤柱尺寸的增大,地表下沉系数差值一般是逐渐增大的,即随着区段煤柱尺寸的增大,区段煤柱对上覆岩层下沉的限制作用一般是逐渐增强的。

由图 3-25(b)可知,当工作面宽 240 m 时,区段煤柱尺寸变化对地表主要影响角正切值差值影响较小,但仍然存在明显的规律。当区段煤柱分别宽 20 m 和 25 m 时,采动程度与主要影响角正切值差值均呈 Gauss 函数关系,对应的相关系数 R^2 为 0.914 和 1.000。

由图 3-25(c)可知,当工作面宽 240 m、区段煤柱宽 30 m 时,采动程度与主要影响角正切值差值呈 Extreme 函数关系,相关系数 R^2 为 0.960。

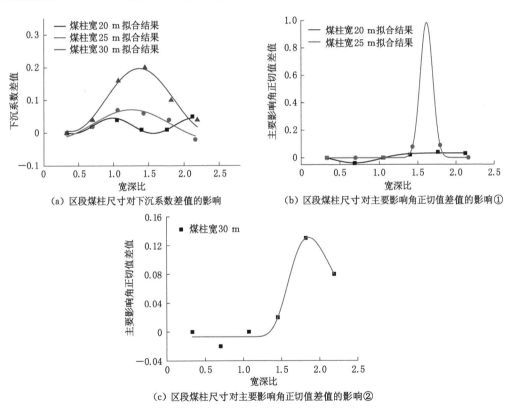

图 3-25　工作面尺寸为 240 m 时区段煤柱尺寸对地表
移动变形表征参数差值的影响

图 3-26 为工作面尺寸为 300 m 时,区段煤柱尺寸变化时的地表下沉曲线。为进一步深

入直观地分析当工作面尺寸为 300 m 时,区段煤柱尺寸对地表水平移动变形规律的影响,本书提取了表征地表移动变形的参数值(表 3-10),并绘制了相应的关系曲线,如图 3-27 所示。

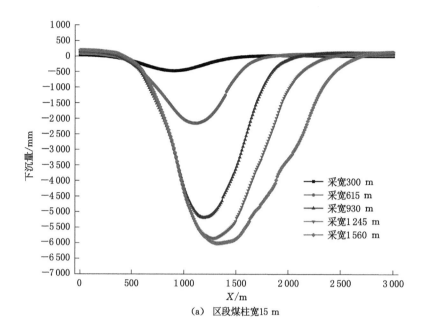

(a) 区段煤柱宽15 m

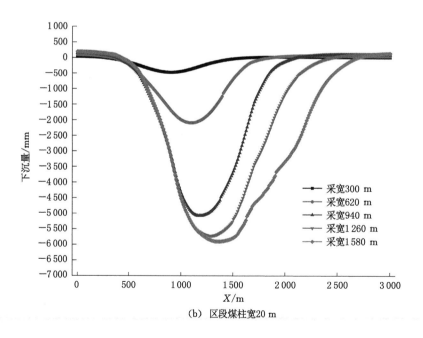

(b) 区段煤柱宽20 m

图 3-26　工作面尺寸为 300 m 时,区段煤柱尺寸变化时的地表下沉曲线

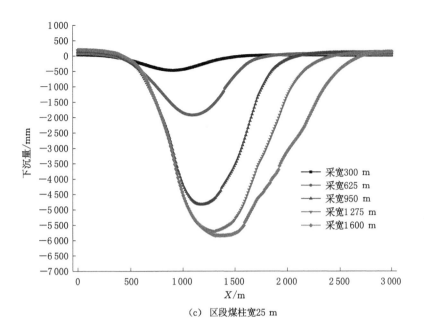

（c）区段煤柱宽25 m

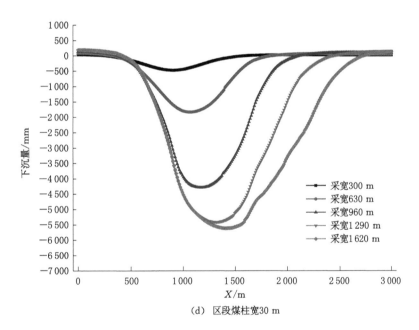

（d）区段煤柱宽30 m

图 3-26 （续）

表 3-10　工作面尺寸为 300 m 时区段煤柱尺寸对地表移动变形规律的影响

工作面宽 300 m，区段煤柱宽 15 m			工作面宽 300 m，区段煤柱宽 20 m			工作面宽 300 m，区段煤柱宽 25 m			工作面宽 300 m，区段煤柱宽 30 m		
宽深比	q	主要影响角正切值	宽深比	q	主要影响角正切值	宽深比	q	主要影响角正切值	宽深比	q	主要影响角正切值
0.41	0.14	1.34	0.41	0.14	1.34	0.41	0.14	1.34	0.41	0.14	1.34
0.85	0.44	1.56	0.85	0.42	1.51	0.86	0.39	1.56	0.87	0.37	1.54
1.28	0.87	1.73	1.29	0.85	1.77	1.31	0.81	1.77	1.32	0.71	1.77
1.71	0.97	1.79	1.74	0.95	1.77	1.76	0.95	1.79	1.78	0.90	1.86
2.15	1.00	2.07	2.18	0.98	2.07	2.20	0.97	2.07	2.23	0.94	2.07

由图 3-27(a)可知，当工作面尺寸为 300 m 时，随着采动程度的增大，地表下沉系数逐渐增大，地表下沉系数变化速率先增大后减小。煤柱宽度分别为 15 m、20 m、25 m、30 m 时对应的地表下沉系数为 1.00、0.98、0.97、0.94。采动程度与地表下沉系数呈 Boltzmann 函数关系，煤柱宽度分别为 15 m、20 m、25 m 和 30 m 时，对应的相关系数 R^2 为 0.999、0.999、1.000、0.999。

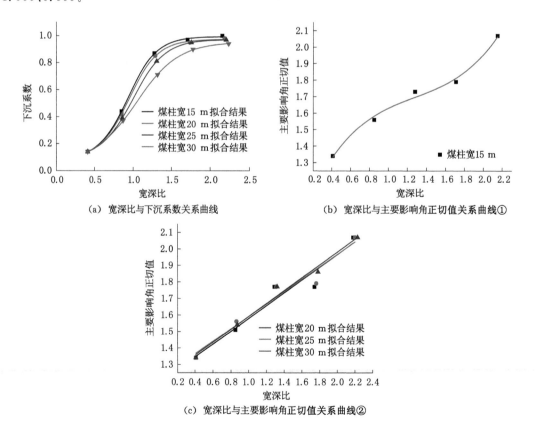

（a）宽深比与下沉系数关系曲线

（b）宽深比与主要影响角正切值关系曲线①

（c）宽深比与主要影响角正切值关系曲线②

图 3-27　工作面尺寸为 300 m 时区段煤柱尺寸对地表移动变形表征参数的影响

由图 3-27(b)可知,当工作面尺寸为 300 m、区段煤柱宽 15 m 时,随着采动程度的增大,主要影响角正切值逐渐增大,主要影响角正切值变化速率先减小后增大,主要影响角正切值的变化范围为 1.34～2.07。采动程度与主要影响角正切值呈三次多项式函数关系,相关系数 R^2 为 0.971。

由图 3-27(c)可知,当工作面尺寸为 300 m、区段煤柱分别宽 20 m、25 m 和 30 m 时,随着采动程度的增大,主要影响角正切值均逐渐增大,相应的主要影响角正切值的变化范围为 1.34～2.07。采动程度与主要影响角正切值呈线性函数关系,区段煤柱宽度分别为 20 m、25 m 和 30 m 时,对应的相关系数 R^2 为 0.929、0.939、0.981。

将工作面尺寸 300 m、区段煤柱尺寸 15 m 时的地表移动变形参数看作基础数据,工作面尺寸 300 m、区段煤柱尺寸分别 20 m、25 m 和 30 m 时的地表移动变形参数看作对照数据,进行对比分析,绘制如图 3-28 所示的关系曲线。

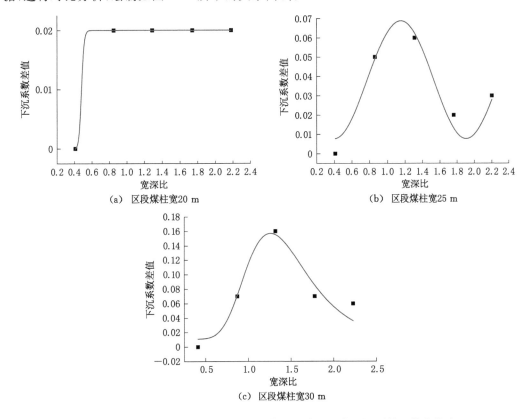

图 3-28　工作面尺寸为 300 m 时区段煤柱尺寸对地表下沉系数差值的影响

由图 3-28(a)可知,当工作面尺寸为 300 m、区段煤柱尺寸为 20 m 时,区段煤柱尺寸变化对地表下沉系数的影响较小,地表下沉系数差值最大值为 0.02。但是经过拟合发现,宽深比与地表下沉系数差值呈现明显的 Boltzmann 函数关系,相关系数 $R^2 = 1.000$。

由图 3-28(b)、(c)可知,当工作面尺寸为 300 m、区段煤柱尺寸分别为 25 m 和 30 m 时,随着采动程度的增大,地表下沉系数差值均先增大后减小,地表下沉系数差值最大值分别为 0.067 和 0.16。采动程度与地表下沉系数差值分别呈正弦函数和 Extreme 函数关系,对应的相关系数为 R^2 为 0.79 和 0.71。当工作面尺寸为 300 m、区段煤柱尺寸为 25 m 时,随着采动程度的增大,区段煤柱对上覆岩层下沉的限制作用呈现先增强后减弱再增强的规律。当工作面尺寸为 300 m、区段煤柱尺寸为 30 m 时,随着采动程度的增大,区段煤柱对上覆岩层下沉的限制作用呈现先增强后减弱的规律。

3.3.2 覆岩结构变化对巨厚弱胶结覆岩地表移动规律的影响

(1)巨厚弱胶结砂岩单层厚度变化对巨厚弱胶结覆岩地表移动规律的影响

本书所描述的单层巨厚弱胶结砂岩指厚度达到一定数值后,具有较强控制作用的岩层。岩层的厚度是一个绝对的概念,岩层的厚度与自身的岩性和微观结构特征存在密切联系。本书仅以营盘壕煤矿巨厚志丹群砂岩厚度为极大值进行研究。

为了提高计算效率,本节采用 UDEC6.0 二维离散元模拟软件进行计算。根据研究区域综合柱状图可知,白垩系志丹群砂岩单层巨厚砂岩厚度达 300 m,有较强的控制作用。因此,为了研究巨厚砂岩单层厚度变化对岩层运动规律的影响,分别建立了志丹群砂岩单层厚度为 300 m、140 m、90 m、60 m 和 40 m 的二维数值模型,具体见表 3-11。巨厚砂岩单层厚度变化示意图如图 3-29 所示,图中 H 为单层巨厚砂岩变化前的厚度,h_1 和 h_2 为单层巨厚砂岩变化后的厚度($h_1 = h_2$),Δh 为软弱夹层厚度,E_1、E_2 和 E_{22} 为相应岩层的弹性模量。

表 3-11　巨厚弱胶结砂岩单层厚度变换模型

模型	模型 C	模型 D	模型 E	模型 F	模型 G
单层厚度(h_1)/m	300	140	90	60	40
软弱夹层厚度(Δh)/m	0	20	10	20	25

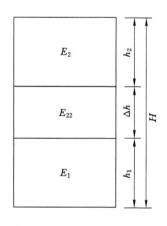

图 3-29　巨厚砂岩单层厚度变化示意图

模型每次开挖宽度为 120 m,推进长度最大为 1 440 m。经过数值计算,模型 C～模型 G 中表征志丹群砂岩基岩面移动变形的参数值见表 3-12,相应的志丹群砂岩基岩面下沉曲线如图 3-30 所示。

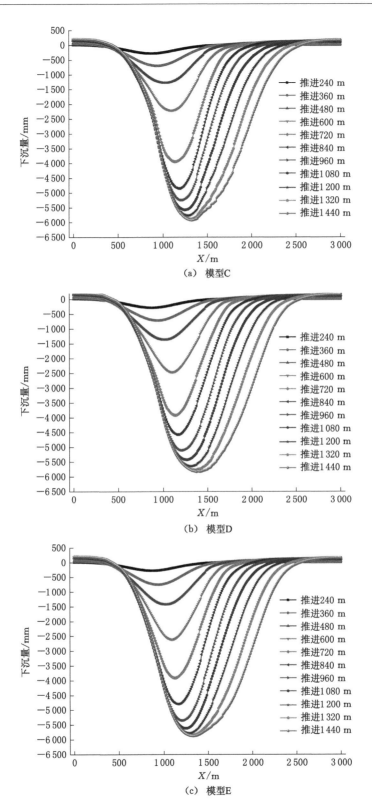

（a）模型C

（b）模型D

（c）模型E

图 3-30 志丹群砂岩下沉曲线

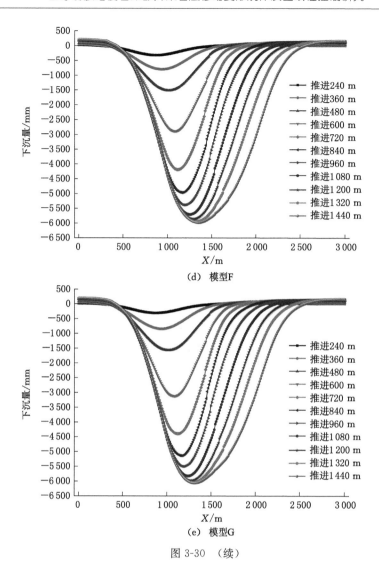

(d) 模型F

(e) 模型G

图 3-30 （续）

表 3-12 巨厚弱胶结砂岩单层厚度对地表移动变形参数的影响

推进距离/m	宽深比	单层厚度/m	软弱夹层厚度/m	$\Delta h/h_1$	W_{max}/mm	q
240	0.33	300	0	0.00	283	0.092
		140	20	0.14	285	0.092
		90	15	0.17	278	0.090
		60	20	0.33	320	0.104
		40	25	0.63	310	0.101
360	0.50	300	0	0.00	701	0.185
		140	20	0.14	717	0.189
		90	15	0.17	751	0.198
		60	20	0.33	806	0.212
		40	25	0.63	842	0.222

表 3-12(续)

推进距离/m	宽深比	单层厚度/m	软弱夹层厚度/m	$\Delta h/h_1$	W_{max}/mm	q
480	0.66	300	0	0.00	1 280	0.294
		140	20	0.14	1 370	0.314
		90	15	0.17	1 420	0.326
		60	20	0.33	1 520	0.349
		40	25	0.63	1 570	0.360
600	0.83	300	0	0.00	2 220	0.454
		140	20	0.14	2 470	0.505
		90	15	0.17	2 600	0.532
		60	20	0.33	2 900	0.593
		40	25	0.63	3 120	0.638
720	0.99	300	0	0.00	3 950	0.740
		140	20	0.14	3 920	0.734
		90	15	0.17	3 910	0.732
		60	20	0.33	4 190	0.785
		40	25	0.63	4 400	0.824
840	1.16	300	0	0.00	4 860	0.841
		140	20	0.14	4 580	0.792
		90	15	0.17	4 790	0.829
		60	20	0.33	4 970	0.860
		40	25	0.63	5 140	0.889
960	1.32	300	0	0.00	5 250	0.875
		140	20	0.14	5 110	0.852
		90	15	0.17	5 350	0.892
		60	20	0.33	5 390	0.898
		40	25	0.63	5 510	0.918
1 080	1.49	300	0	0.00	5 580	0.930
		140	20	0.14	5 430	0.905
		90	15	0.17	5 610	0.935
		60	20	0.33	5 710	0.952
		40	25	0.63	5 830	0.972
1 200	1.66	300	0	0.00	5 770	0.962
		140	20	0.14	5 650	0.942
		90	15	0.17	5 780	0.963
		60	20	0.33	5 870	0.978
		40	25	0.63	5 990	0.998

表 3-12（续）

推进距离/m	宽深比	单层厚度/m	软弱夹层厚度/m	$\Delta h/h_1$	W_{max}/mm	q
1 320	1.82	300	0	0.00	5 890	0.982
		140	20	0.14	5 780	0.963
		90	15	0.17	5 850	0.975
		60	20	0.33	5 950	0.992
		40	25	0.63	6 050	1.008
1 440	1.99	300	0	0.00	5 930	0.988
		140	20	0.14	5 840	0.973
		90	15	0.17	5 870	0.978
		60	20	0.33	5 990	0.998
		40	25	0.63	6 070	1.012

为研究巨厚砂岩单层厚度变化对地表移动变形规律的影响,根据表 3-12 的数据绘制了各模型地表下沉系数与宽深比之间的关系曲线图（图 3-31）及同等采动程度条件下巨厚砂岩单层厚度与下沉系数之间的关系曲线图（图 3-32）。

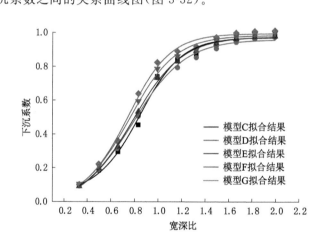

图 3-31　宽深比与地表下沉系数之间的变化关系

由图 3-31 可知,随着采动程度的增大,地表下沉系数逐渐增大,地表下沉速率先增大后减小。模型 C～模型 G 对应的充分采动条件下的地表下沉系数分别为 0.998、0.973、0.978、0.998、1.012。采动程度与地表下沉系数呈 Boltzmann 函数关系,模型 C～模型 G 对应的相关系数 R^2 分别为 0.992、0.993、0.998、0.996、0.994。

由图 3-32 可知,在上覆岩层发生剧烈下沉前后,同等采动程度条件下,巨厚弱胶结砂岩单层厚度与上覆岩层下沉系数关系曲线是不同的。在上覆岩层发生剧烈下沉前,同等采动程度条件下,随着巨厚砂岩单层厚度的增大,相应下沉系数逐渐减小,巨厚砂岩单层厚度与下沉系数呈幂指数函数关系。当宽深比分别为 0.50、0.66 和 0.83 时,对应的相关系数 R^2 为 0.987、0.982、0.980。在上覆岩层发生剧烈下沉后,同等采动程度条件下,随着巨厚砂岩

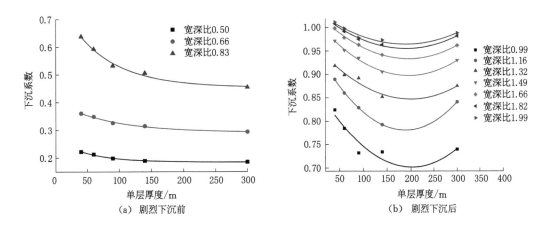

图 3-32　同等采动程度条件下巨厚弱胶结砂岩单层厚度与下沉系数之间的变化关系

单层厚度的增大,相应下沉系数先减小后增大。巨厚砂岩单层厚度与下沉系数呈二次多项式函数关系。当宽深比分别为 0.99、1.16、1.32、1.49、1.66、1.82 和 1.99 时,对应的相关系数 R^2 为 0.722、0.999、0.876、0.984、0.985、0.961 和 0.879。

　　将模型 G 地表移动变形参数看作基础数据,模型 C～模型 F 地表移动变形参数看作对照数据,进行对比分析,绘制如图 3-33 所示的关系曲线。

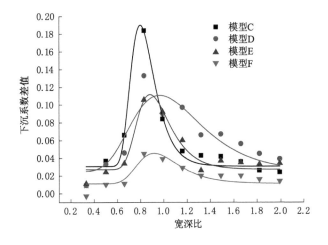

图 3-33　巨厚弱胶结砂岩宽深比对地表下沉系数差值的影响

　　由图 3-33 可知,随着采动程度的增大,地表下沉系数差值先增大后减小,即随着采动程度的增大,巨厚砂岩对上覆岩层移动的控制作用先增强后减弱。当宽深比为 0.83 时,地表下沉系数变化值分别达到最大值 0.18(模型 C)、0.13(模型 D)、0.11(模型 E) 和 0.05(模型 F),分别占模型 G 相应下沉系数的 28.2%、20.4%、17.2% 和 7.1%。此时,岩层结构对上覆岩层移动的控制作用最强,也是地表即将发生剧烈下沉的临界点。宽深比与地表下沉系数差值呈 Extreme 函数关系,模型 C～模型 F 对应的相关系数 R^2 分别为 0.946、0.701、0.902、0.706。当宽深比不大于 0.83 时,同等采动程度条件下,随着厚层砂岩宽深比的增大,地表下沉系数差值是逐渐增大的,即随着厚层砂岩宽深比的增大,厚层砂岩对上覆岩层下沉的控制作用逐渐增强。当宽深比大于 0.83 时,模型 D 中巨厚砂岩对上覆岩层运动的影响明显大于模型 C、模型 E 和模型 F。

根据关键层复合效应条件分析可知,$\Delta h/h_1$ 是判定覆岩中是否存在关键层复合效应的重要指标之一。模型 C～模型 F 中覆岩存在关键层复合效应,模型 G 中覆岩不存在关键层复合效应。从 $\Delta h/h_1$ 的角度分析,在 h_2/h_1 为一定值时,在上覆岩层发生剧烈下沉前后,$\Delta h/h_1$ 变化对上覆岩层下沉系数的影响是不同的,如图 3-34、图 3-35 所示。

由图 3-34(a)可知,在上覆岩层发生剧烈下沉前,同等采动程度条件下,随着 $\Delta h/h_1$ 的增大,相应下沉系数逐渐增大。当宽深比大于 0.33 时,$\Delta h/h_1$ 与地表下沉系数呈二次多项式函数关系。当宽深比分别为 0.50、0.66 和 0.83 时,对应的相关系数 R^2 为 0.879、0.966、0.975,如图 3-35(a)所示。

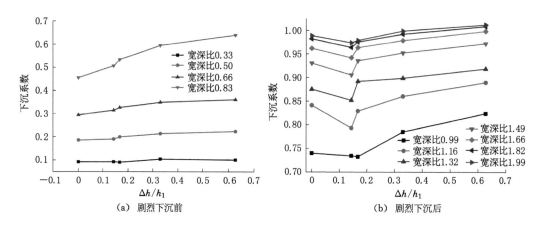

图 3-34 同等采动程度条件下 $\Delta h/h_1$ 对下沉系数的影响

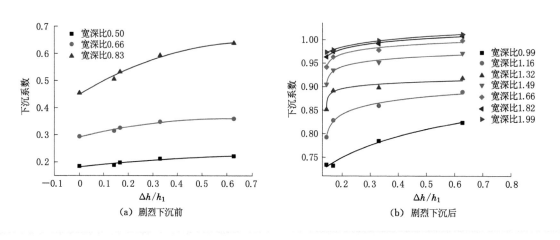

图 3-35 同等采动程度条件下 $\Delta h/h_1$ 与下沉系数之间的变化关系

由图 3-34(b)可知,在上覆岩层发生剧烈下沉后,同等采动程度条件下,随着 $\Delta h/h_1$ 的增大,下沉系数先减小后增大。当宽深比≥0.99、$\Delta h/h_1 > 0.15$ 时,$\Delta h/h_1$ 与地表下沉系数呈对数函数关系。当宽深比分别为 0.99、1.16、1.32、1.49、1.66、1.82 和 1.99 时,对应的相关系数 R^2 为 0.963、0.969、0.891、0.947、0.922、0.969 和 0.998,如图 3-35(b)所示。

(2)关键层结构空间位置对巨厚弱胶结覆岩地表移动规律的影响

根据第 2 章对巨厚弱胶结覆岩深部开采岩层运动规律特殊性的分析可知,地层结构特征是导致该特殊性的主要原因之一,即志丹群巨厚砂岩及侏罗系直罗组厚层砂岩对地表移动变形规律影响较大。因此,本书通过改变志丹群巨厚砂岩及侏罗系直罗组厚层砂岩在地层结构中的空间位置,研究关键层结构空间位置变化对巨厚弱胶结覆岩深部开采岩层运动规律的影响。本书建立了 5 个三维数值模型,其岩层排列顺序如图 3-36 所示。图中未完全标注各岩层的相关信息,只标注了主要岩层的相关信息,括号内的数字为岩层的厚度。

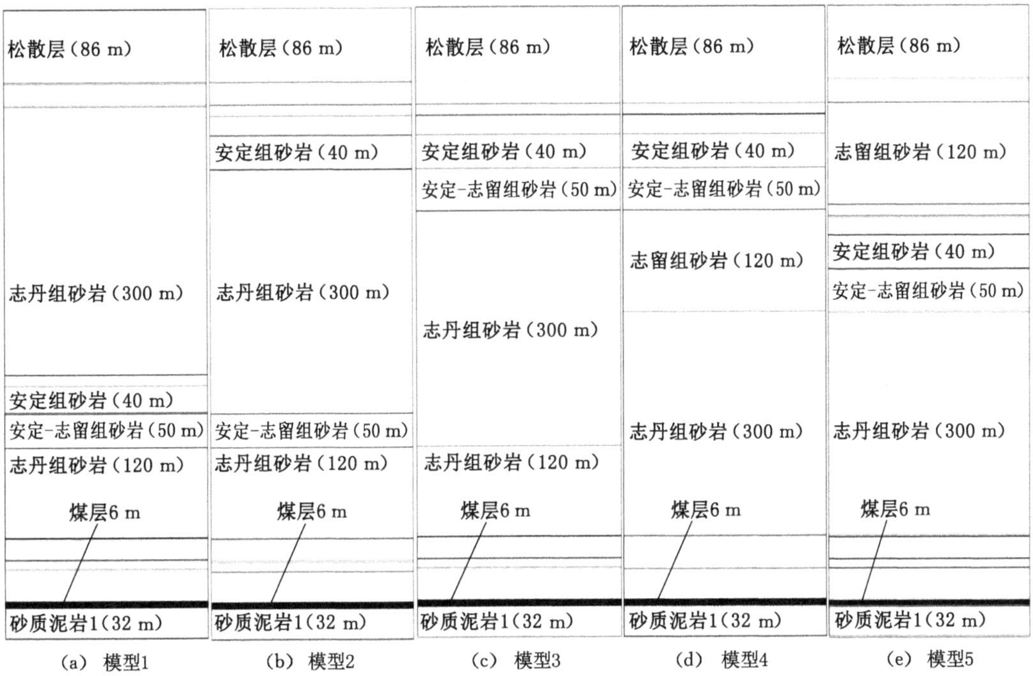

图 3-36 关键层空间位置示意图

由图 3-36 可以看出,在三维数值模型中,不仅调整了厚层砂岩结构的空间位置,甚至颠倒了它们的相对顺序。为提高数值模型的计算效率,本次试验建立的模型长度为 3 000 m,宽度为 3 000 m,高度为 763 m。工作面尺寸为宽 300 m,长 1 500 m,区段煤柱宽 25 m。试验模拟开采 5 个工作面,各模型开采地表移动变形曲线示意图如图 3-37 ~ 图 3-41 所示。

为进一步分析关键层结构空间位置变化对巨厚弱胶结覆岩深部开采地表移动变形规律的影响,本书提取了表征相应模型的地表移动变形参数值,详见表 3-13。

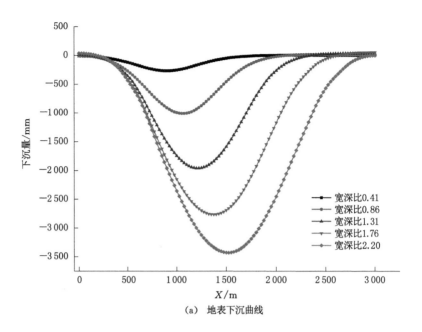

（a）地表下沉曲线

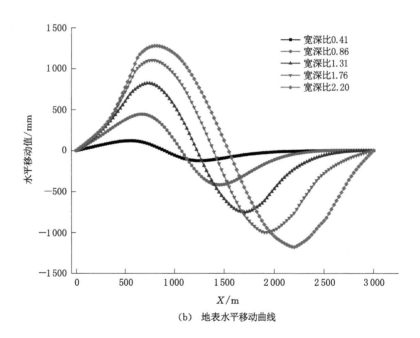

（b）地表水平移动曲线

图 3-37　模型 1 地表移动变形曲线

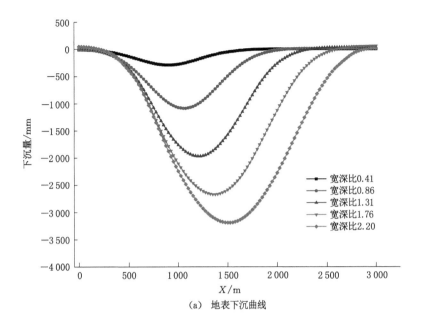

（a）地表下沉曲线

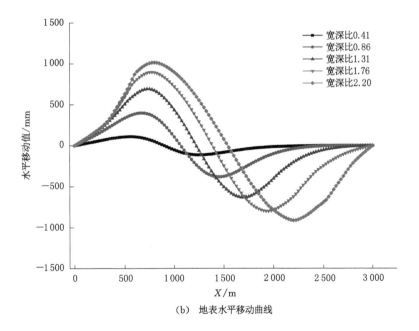

（b）地表水平移动曲线

图 3-38 模型 2 地表移动变形曲线

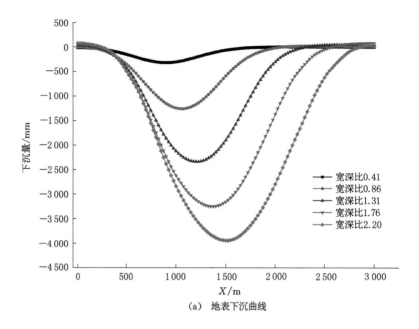

（a）地表下沉曲线

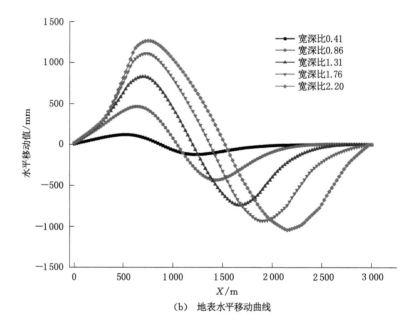

（b）地表水平移动曲线

图 3-39　模型 3 地表移动变形曲线

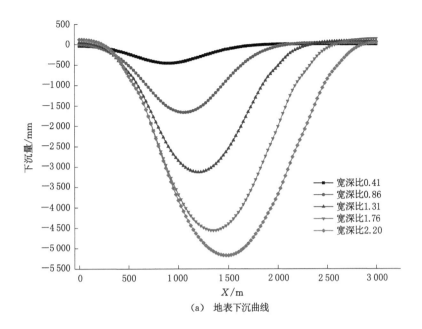

（a）地表下沉曲线

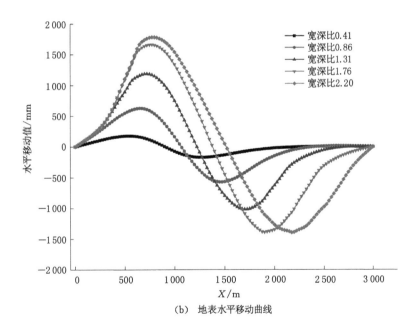

（b）地表水平移动曲线

图 3-40 模型 4 地表移动变形曲线

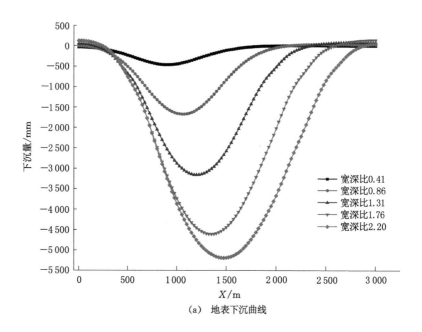

（a）地表下沉曲线

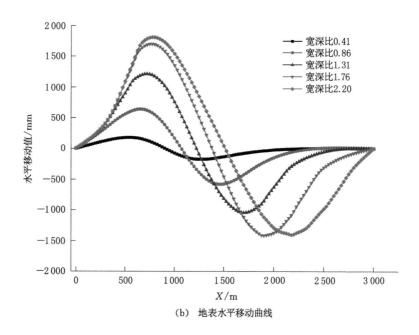

（b）地表水平移动曲线

图 3-41　模型 5 地表移动变形曲线

表 3-13　关键层空间位置对地表移动变形规律的影响

模型	宽深比	W_{max}	q	U_{max}	b	主要影响角正切值	边界角
模型 1	0.41	269	0.08	120	0.45	1.00	45
	0.86	1 015	0.20	442	0.44	1.04	46
	1.31	1 965	0.33	820	0.42	1.16	49
	1.76	2 743	0.46	1 091	0.40	1.26	52
	2.20	3 432	0.57	1 279	0.37	1.21	50
模型 2	0.41	293	0.09	110	0.38	1.00	45
	0.86	1 082	0.22	399	0.37	1.07	47
	1.31	1 965	0.33	691	0.35	1.21	50
	1.76	2 667	0.44	895	0.34	1.32	53
	2.20	3 189	0.53	1 014	0.32	1.38	54
模型 3	0.41	320	0.09	120	0.38	1.00	45
	0.86	1 264	0.25	462	0.37	1.07	47
	1.31	2 344	0.39	826	0.35	1.21	50
	1.76	3 258	0.54	1 106	0.34	1.38	54
	2.20	3 948	0.66	1 266	0.32	1.45	55
模型 4	0.41	459	0.13	177	0.39	0.91	42
	0.86	1 665	0.33	625	0.38	1.04	46
	1.31	3 129	0.52	1 185	0.38	1.16	49
	1.76	4 560	0.76	1 660	0.36	1.32	53
	2.20	5 174	0.86	1 782	0.34	1.45	55
模型 5	0.41	463	0.13	179	0.39	0.91	42
	0.86	1 677	0.34	636	0.38	1.04	46
	1.31	3 162	0.53	1 210	0.38	1.16	49
	1.76	4 616	0.77	1 697	0.37	1.32	53
	2.20	5 199	0.87	1 809	0.35	1.45	55

　　为直观分析各地表移动参数之间的关系,根据表 3-13 的数据绘制了各模型地表下沉系数、水平移动系数和主要影响角正切值与宽深比关系曲线图(图 3-42～图 3-44)及同等采动程度条件下关键层结构空间位置变化与地表下沉系数、水平移动系数和主要影响角正切值关系曲线图(图 3-45)。

　　由图 3-42(a)可知,随着采动程度的增大,地表下沉系数逐渐增大,地表下沉系数变化速率几乎不变。模型 1～模型 3 对应的地表下沉系数分别为 0.57、0.53 和 0.66。采动程度与地表下沉系数呈线性函数关系,模型 1～模型 3 对应的相关系数 R^2 分别为 0.999、0.995 和 0.997。

　　由图 3-42(b)可知,随着采动程度的增大,地表下沉系数逐渐增大,地表下沉系数变化速率先增大后减小。模型 4、模型 5 对应的地表下沉系数分别为 0.86 和 0.87。采动程度与地表下沉系数呈 Boltzmann 函数关系,模型 4、模型 5 对应的相关系数 R^2 为 0.987 和 0.986。

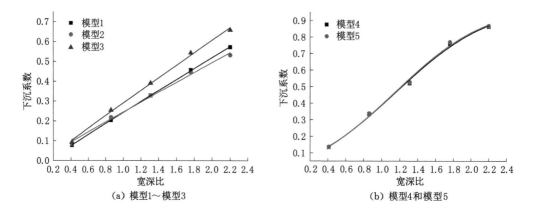

（a）模型1～模型3　　　　　（b）模型4和模型5

图 3-42　不同关键层空间位置宽深比与下沉系数函数关系

由图 3-43(a)可知,在模型 1 中,随着采动程度的增大,水平移动系数逐渐减小,水平移动系数变化速率逐渐增大。模型 1 水平移动系数变化范围为 0.37～0.45,采动程度与水平移动系数呈二次多项式函数关系,相关系数 R^2 为 0.997。在模型 2 和模型 3 中,随着采动程度的增大,水平移动系数均逐渐减小,水平移动系数变化速率也都几乎不变。模型 2 和模型 3 水平移动系数变化范围均为 0.32～0.38,采动程度与水平移动系数均呈线性函数关系,相关系数 R^2 均为 0.982。

由图 3-43(b)可知,在模型 4 和模型 5 中,随着采动程度的增大,水平移动系数逐渐减小,水平移动系数变化速率先减小后增大。模型 4 和模型 5 水平移动系数变化范围分别为 0.34～0.39 和 0.35～0.39,采动程度与水平移动系数呈三次多项式函数关系。模型 4 和模型 5 对应的相关系数 R^2 分别为 0.913 和 0.977。

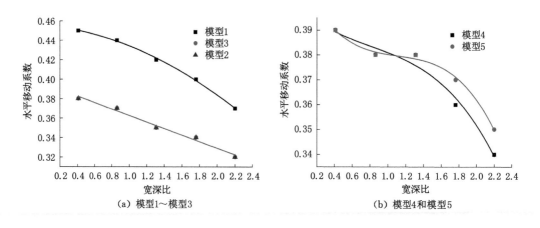

（a）模型1～模型3　　　　　（b）模型4和模型5

图 3-43　不同关键层空间位置宽深比与地表水平移动系数函数关系

由图 3-44(a)可知,在模型 1 中,随着采动程度的增大,主要影响角正切值先增大后减小。模型 1 主要影响角正切值变化范围为 1.00～1.26,采动程度与主要影响角正切值呈正弦函数关系,相关系数 R^2 为 0.995。在模型 2 中,随着采动程度的增大,主要影响角正切值逐渐增大,主要影响角正切值变化速率先增大后减小。模型 2 主要影响角正切值变化范围为 1.0~1.38,采动程度与主要影响角正切值呈 Boltzmann 函数关系,相关系数为 $R^2 =$ 0.998。在模型 3 中,随着采动程度的增大,主要影响角正切值逐渐增大,主要影响角正切值变化速率先增大后减小。模型 3 主要影响角正切值变化范围为 1.00~1.45,采动程度与主要影响角正切值呈 Boltzmann 函数关系,相关系数 R^2 为 0.996。

由图 3-44(b)可知,在模型 4 中,随着采动程度的增大,主要影响角正切值逐渐增大,主要影响角正切值变化速率几乎不变。模型 4 主要影响角正切值变化范围为 0.91~1.45,采动程度与主要影响角正切值呈线性函数关系,相关系数 R^2 为 0.998。模型 5 采动程度与主要影响角正切值的函数关系与模型 4 完全一致。

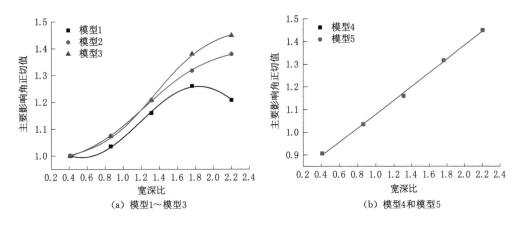

(a) 模型1~模型3　　　　　　　(b) 模型4和模型5

图 3-44　不同关键层空间位置宽深比与主要影响角正切函数关系

由图 3-45(a)可知,同等采动程度条件下,随着地层结构由模型 1 演化至模型 5,地表下沉系数逐渐增大,地表下沉系数变化速率先增大后减小。当志丹群砂岩和直罗组砂岩在地层结构中的相对顺序发生改变时,地表下沉系数变化速率突然增大,地表下沉系数发生突变。同等采动程度条件下,地层结构变化与地表下沉系数呈 Boltzmann 函数关系,当宽深比分别为 0.41、0.86、1.31、1.76、2.20 时,相对应的地表下沉系数为 $q_{0.41}$、$q_{0.86}$、$q_{1.31}$、$q_{1.76}$ 和 $q_{2.20}$,对应的相关系数 R^2 为 0.970、0.972、0.999、0.993、0.965。具体函数关系如式(3-15)所示,式中的 x 为模型编号。

$$
\left.
\begin{array}{l}
q_{0.41} = 0.13 - \dfrac{0.05}{1 + e^{\frac{x-3.27}{0.21}}}, q_{0.86} = 0.34 - \dfrac{0.13}{1 + e^{\frac{x-3.18}{0.28}}} \\[3mm]
q_{1.31} = 0.53 - \dfrac{0.20}{1 + e^{\frac{x-3.18}{0.23}}}, q_{1.76} = 0.77 - \dfrac{0.32}{1 + e^{\frac{x-3.18}{0.21}}} \\[3mm]
q_{2.2} = 0.86 - \dfrac{0.31}{1 + e^{\frac{x-3.03}{0.04}}}
\end{array}
\right\}
\tag{3-15}
$$

由图 3-45(b)可知,同等采动程度条件下,随着地层结构由模型 1 演化至模型 5,水平移动系数先减小后增大。由模型 1~模型 3 的地层结构特征可知,当志丹群砂岩和直罗组砂岩在地层结构中的相对顺序不发生改变时,同等采动程度条件下,水平移动系数逐渐减小。由模型 4 和模型 5 的地层结构特征可知,当志丹群砂岩和直罗组砂岩在地层结构中的相对顺序发生改变时,同等采动程度条件下,水平移动系数逐渐增大。

由图 3-45(c)可知,同等采动程度条件下,随着地层结构由模型 1 演化至模型 5,主要影响角正切值基本呈先增大后减小的变化趋势。由模型 1～模型 3 的地层结构特征可知,当志丹群砂岩和直罗组砂岩在地层结构中的相对顺序不发生改变时,同等采动程度条件下,主要影响角正切值基本呈逐渐增大的变化趋势。由模型 4 和模型 5 的地层结构特征可知,当志丹群砂岩和直罗组砂岩在地层结构中的相对顺序发生改变时,同等采动程度条件下,主要影响角正切值基本呈逐渐减小的变化趋势。

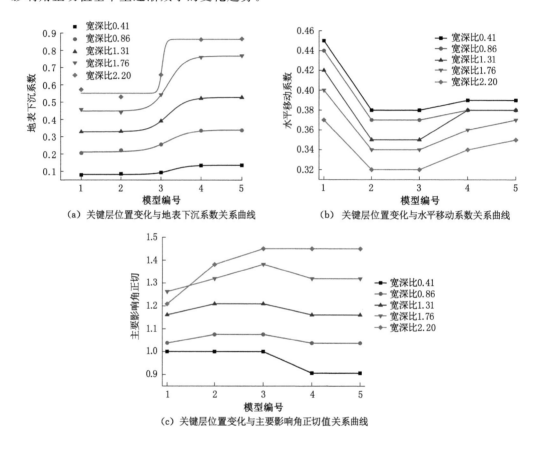

（a）关键层位置变化与地表下沉系数关系曲线

（b）关键层位置变化与水平移动系数关系曲线

（c）关键层位置变化与主要影响角正切值关系曲线

图 3-45　同等采动程度条件下不同关键层空间位置地表移动变形规律表征参数的变化

为进一步量化主亚关键层位置变化对地表移动变形规律表征参数的影响,本书以地质原型模型 1 为基础数据,绘制了模型 2～模型 5 中主亚关键层位置发生变化时相对于模型 1 的地表移动变形规律表征参数变化值曲线图,如图 3-46 所示。

由图 3-46(a)可知,模型 2 和模型 3 中主亚关键层相对空间位置变化时,地表下沉系数变化较小,地表下沉系数变化值的最大值为 0.09,地表下沉系数增大幅度占模型 1 中相应下沉系数的 15.8%。模型 4 和模型 5 中主亚关键层相对空间顺序变化时,地表下沉系数变化较大,地表下沉系数变化值的最大值为 0.31,地表下沉系数增大幅度占模型 1 中相应下沉系数的 67.4%。所以,主关键层结构及亚关键层结构相对空间位置的变化对地表下沉系数影响较小,主关键层结构及亚关键层结构相对空间顺序的变化对地表下沉系数影响较大。

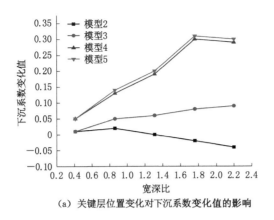

（a）关键层位置变化对下沉系数变化值的影响

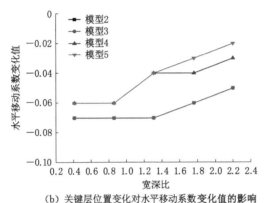

（b）关键层位置变化对水平移动系数变化值的影响

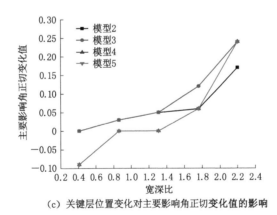

（c）关键层位置变化对主要影响角正切变化值的影响

图 3-46　关键层空间位置变化对地表移动变形规律表征参数变化值的影响

　　由图 3-46(b)可知,模型 2 和模型 3 中主亚关键层相对空间位置变化时,地表水平移动系数变化值的最大值为 0.07,水平移动系数减小幅度占模型 1 中相应水平移动系数的 15.6%。模型 4 和模型 5 中主亚关键层相对空间顺序变化时,地表水平移动系数变化值的最大值为 0.06,水平移动系数减小幅度占模型 1 中相应水平移动系数的 13.3%。所以,主关键层结构及亚关键层结构相对空间距离和相对空间顺序的变化,对水平移动系数的影响均较小。

由图 3-46(c)可知,模型 2 和模型 3 中主亚关键层相对空间位置变化时,主要影响角正切值变化较大,主要影响角正切变化值的最大值为 0.24,主要影响角正切值增大幅度占模型 1 中相应主要影响角正切值的 19.8%。模型 4 和模型 5 中主亚关键层相对空间顺序变化时,主要影响角正切值变化较大,主要影响角正切变化值的最大值为 0.24,主要影响角正切值增大幅度占模型 1 中相应主要影响角正切值的 19.8%。所以,主关键层结构及亚关键层结构相对空间距离和相对空间顺序的变化,对主要影响角正切值的影响均较小。

3.3.3　水平构造应力对巨厚弱胶结覆岩深部开采岩层运动规律的影响

由于没有收集到研究区域详细的地应力实测值,无法真实地还原研究区域的真实地应力场。本书利用 FLAC 3D 数值分析软件,采用侧压系数法(改变垂直应力与水平应力的比值)研究水平构造应力对巨厚弱胶结覆岩深部开采地表移动变形规律的影响。

本书分别建立了高水平应力作用下的深部单工作面开采模型(长 4 500 m、宽 4 500 m、高 763 m)和深部多工作面开采模型(长 4 500 m、宽 4 500 m、高 763 m)。模型依然采用 Mohr-Coulomb 破坏准则,左右两边界采用水平位移约束。相应模型的开挖参数见表 3-14、表 3-15。

表 3-14　考虑水平构造应力的深部单工作面开采模型的开挖参数

开挖参数	模型 6	模型 7	模型 8	模型 9
侧压系数	0.4	0.5	1.5	2.0
采宽/m	300	300	300	300
走向长度/m	2 520	2 520	2 520	2 520

表 3-15　考虑水平构造应力的深部多工作面开采模型的开挖参数

开挖参数	模型 10	模型 11	模型 12	模型 13	模型 14	模型 15
侧压系数	0.4	0.5	0.8	1.0	1.5	2.0
采宽/m	300	300	300	300	300	300
	630	630	630	630	630	630
	990	990	990	990	990	990
	1 320	1 320	1 320	1 320	1 320	1 320
	1 650	1 650	1 650	1 650	1 650	1 650
	1 980	1 980	1 980	1 980	1 980	1 980
	2 310	2 310	2 310	2 310	2 310	2 310
	2 640	2 640	2 640	2 640	2 640	2 640
走向长度/m	2 520	2 520	2 520	2 520	2 520	2 520

图 3-47~图 3-50 为考虑构造应力的巨厚弱胶结覆岩深部单工作面开采地表移动变形曲线图。随着工作面不断推进,地表下沉量和相应水平移动值不断增大。当走向推进距离约为 2 200 m 时,走向方向达到充分采动,即 $D_3/H_0 \geqslant 3$ 时,走向方向达到充分采动。其中 D_3 表示采空区走向长度,H_0 表示平均采深。

为进一步分析水平构造应力对巨厚弱胶结覆岩深部单工作面开采地表移动变形规律的影响,本书提取并计算了表征地表移动变形的相关参数,详见表 3-16。

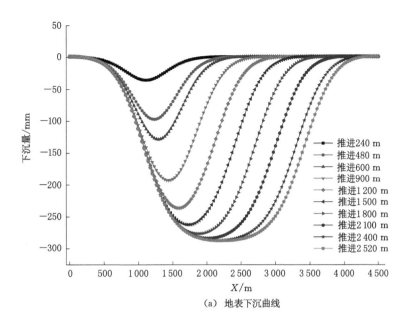

（a）地表下沉曲线

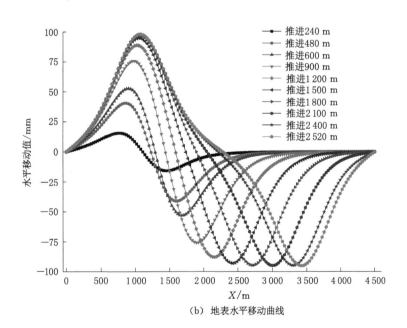

（b）地表水平移动曲线

图 3-47　模型 6 地表移动变形曲线

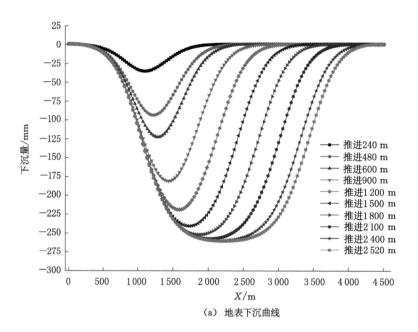

（a）地表下沉曲线

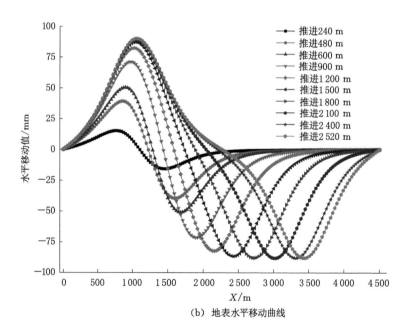

（b）地表水平移动曲线

图 3-48　模型 7 地表移动变形曲线

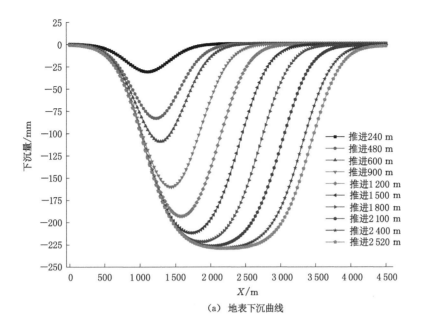

（a）地表下沉曲线

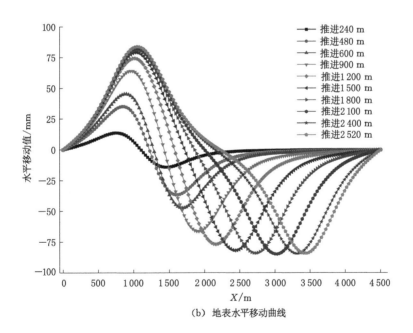

（b）地表水平移动曲线

图 3-49　模型 8 地表移动变形曲线

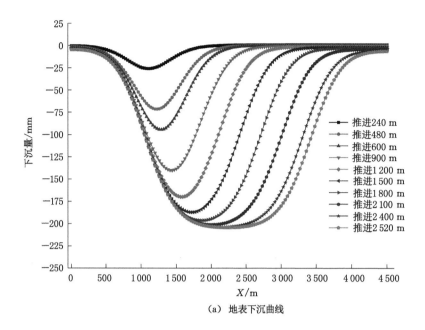

（a）地表下沉曲线

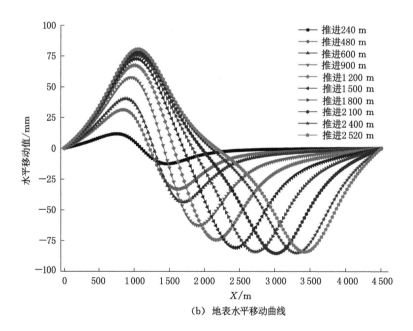

（b）地表水平移动曲线

图 3-50 模型 9 地表移动变形曲线

表 3-16　考虑水平构造应力的深部单工作面开采地表移动变形表征参数

模型名称	宽深比	S_W/m	主要影响角正切值	边界角/(°)	W_{max}/mm	q	U_{max}/mm	b	S_U/m
模型6	0.33	360	2.01	64	36	0.020	16	0.44	510
	0.66	480	1.51	56	97	0.039	41	0.42	750
	0.83	480	1.51	56	128	0.046	53	0.41	780
	1.24	510	1.42	55	192	0.056	76	0.40	840
	1.66	510	1.42	55	236	0.069	89	0.38	840
	2.07	510	1.42	55	262	0.076	95	0.36	840
	2.48	510	1.42	55	276	0.080	97	0.35	840
	2.90	510	1.42	55	283	0.082	98	0.35	840
	3.31	510	1.42	55	286	0.083	98	0.34	810
	3.48	480	1.51	56	287	0.084	98	0.34	780
模型7	0.33	360	2.01	64	35	0.020	15	0.43	510
	0.66	480	1.51	56	94	0.038	39	0.41	750
	0.83	480	1.51	56	122	0.044	50	0.41	780
	1.24	510	1.42	55	180	0.053	71	0.39	840
	1.66	510	1.42	55	219	0.064	82	0.37	840
	2.07	510	1.42	55	240	0.070	87	0.36	840
	2.48	510	1.42	55	252	0.073	89	0.35	840
	2.90	510	1.42	55	257	0.075	90	0.35	840
	3.31	510	1.42	55	260	0.076	90	0.35	810
	3.48	480	1.51	56	260	0.076	90	0.35	780
模型8	0.33	330	2.2	66	31	0.018	14	0.45	480
	0.66	450	1.61	58	83	0.033	35	0.42	750
	0.83	480	1.51	56	109	0.039	45	0.41	840
	1.24	480	1.51	56	160	0.047	64	0.40	930
	1.66	510	1.42	55	193	0.056	74	0.38	960
	2.07	510	1.42	55	211	0.061	79	0.37	990
	2.48	510	1.42	55	221	0.064	82	0.37	960
	2.90	510	1.42	55	226	0.066	83	0.37	930
	3.31	540	1.34	53	228	0.066	84	0.37	840
	3.48	540	1.34	53	229	0.067	84	0.37	780

表 3-16(续)

模型名称	宽深比	S_W/m	主要影响角正切值	边界角/(°)	W_{max}/mm	q	U_{max}/mm	b	S_U/m
模型9	0.33	300	2.42	68	26	0.015	12	0.46	450
	0.66	450	1.61	58	72	0.029	31	0.43	810
	0.83	480	1.51	56	95	0.034	40	0.42	930
	1.24	510	1.42	55	140	0.041	57	0.41	1 140
	1.66	510	1.42	55	170	0.049	67	0.39	1 230
	2.07	510	1.42	55	187	0.054	73	0.39	1 230
	2.48	540	1.34	53	197	0.057	76	0.39	1 170
	2.90	570	1.27	52	201	0.058	78	0.39	1 050
	3.31	630	1.15	49	204	0.059	80	0.39	900
	3.48	630	1.15	49	204	0.059	81	0.40	810

为直观分析深部单工作面开采时宽深比与地表下沉系数、主要影响角正切值和边界角等参数之间的关系,以及地表移动变形参数与水平构造应力之间的关系。根据表 3-16 的数据绘制了相应的变形曲线图,并进行拟合,如图 3-51、图 3-52 所示。本书取地表下沉 10 mm 处和水平移动 10 mm 处为下沉影响边界和水平移动影响边界。

由图 3-51(a)可知,随着采动程度的增大,地表下沉系数逐渐增大,地表下沉系数变化速率逐渐减小。模型 6～模型 9 对应的地表下沉系数分别为 0.084、0.076、0.067 和 0.059,采动程度与地表下沉系数呈 Boltzmann 函数关系,对应的相关系数 R^2 分别为 0.995、0.995、0.997、0.996。

由图 3-51(b)可知,随着采动程度的增大,水平移动系数逐渐减小,水平移动系数变化速率先减小后增大。模型 6～模型 9 的水平移动系数变化范围分别为 0.34～0.44、0.35～0.43、0.37～0.45 和 0.39～0.46,采动程度与水平移动系数呈二次多项式函数关系,对应相关系数 R^2 分别为 0.989、0.989、0.976、0.954。

由图 3-51(c)可知,随着采动程度的增大,主要影响角正切值迅速减小,并逐渐趋近一定值。模型 6～模型 9 的主要影响角正切值变化范围分别为 1.42～2.01、1.42～2.01、1.34～2.2 和 1.15～2.42,采动程度与主要影响角正切值呈 Boltzmann 函数关系,对应的相关系数 R^2 分别为 0.955、0.955、0.958、0.899。

由图 3-51(d)可知,随着采动程度的增大,水平移动边界距离采空区边界的距离 S_U 先增大后减小。模型 6 和模型 7 的 S_U 变化范围为 510～840 m。模型 8 和模型 9 的 S_U 变化范围分别为 480～780 m 和 450～810 m。随着水平构造应力的增大,模型 8 和模型 9 采动程度与 S_U 之间的函数关系逐渐由 Boltzmann 函数关系变为抛物线二次多项式函数关系,对应的相关系数 R^2 分别为 0.941 和 0.959。在模型 8 和模型 9 中,随着采动程度的增大,水平移动边界迅速扩大至模型边界,S_U 达到最大值。若模型无限大,则采动程度与 S_U 之间呈幂指数函数关系。

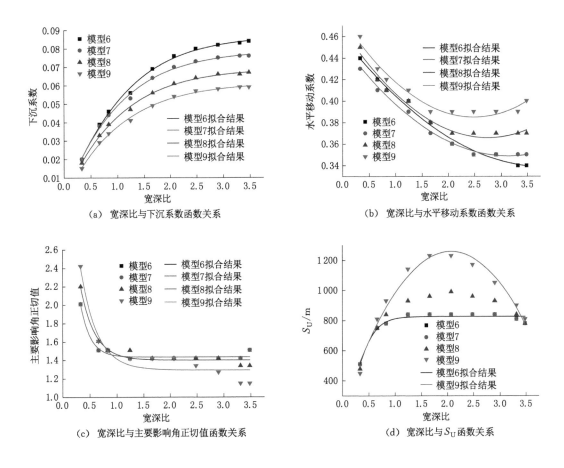

图 3-51 宽深比与考虑水平构造应力深部单工作面开采地表移动变形表征参数函数关系

由图 3-52(a)可知,同等采动程度条件下,随着水平构造应力的增大,地表下沉系数逐渐减小,地表下沉系数变化速率几乎不变。同等采动程度条件下,水平构造应力与下沉系数呈线性函数关系,当宽深比分别为 0.33、0.66、0.83、1.24、1.66、2.07、2.48、2.90、3.31、3.48 时,对应的相关系数 R^2 为 0.794、0.919、0.953、0.969、0.988、0.992、0.996、0.997、0.992、0.999。随着采动程度的增大,水平构造应力与下沉系数的线性相关性是逐渐增强的。

由图 3-52(b)可知,当宽深比在 0.33～1.66 时,同等采动程度条件下,随着水平构造应力的增大,水平移动系数先减小后增大。当宽深比大于 1.66 时,同等采动程度条件下,随着水平构造应力的增大,水平移动系数逐渐增大。

由图 3-52(c)可知,当开采范围较小时,同等采动程度条件下,随着水平构造应力的增大,主要影响角正切值逐渐增大;当宽深比为 0.33 时,水平构造应力与主要影响角正切值呈开口向上的抛物线函数关系,相关系数 $R^2 = 0.966$。随着采动程度的不断增大,同等采动程度条件下,主要影响角正切值由随着水平构造应力的增大逐渐增大,变为随着水平构造应力的增大逐渐减小。当宽深比为 3.48 时,水平构造应力与主要影响角正切值呈开口向下的抛物线函数关系,相关系数 $R^2 = 0.962$。当水平应力小于垂直应力时,同等采动程度条件下,随着水平构造应力的增大,主要影响角正切值几乎不变。当水平应力大于垂直应力时,同等采动程度条件下,随着水平构造应力的增大,主要影响角正切值有明显变化。

由图 3-52(d)可知,同等采动程度条件下,随着水平构造应力的增大,水平移动边界距离采空区边界的距离迅速增大。水平构造应力与水平移动边界距离采空区边界的距离呈幂指数函数关系,当宽深比分别为 0.66、0.83、1.24、1.66、2.07、2.48、2.90、3.31 时,对应的相关系数 R^2 为 0.956、0.985、0.983、0.962、0.969、0.944、0.977、0.968。在模型 8 和模型 9 中,随着采动程度的增大,水平移动边界迅速扩散至模型边界,达到最大值。所以,随着采动程度的增大,S_U 逐渐减小。

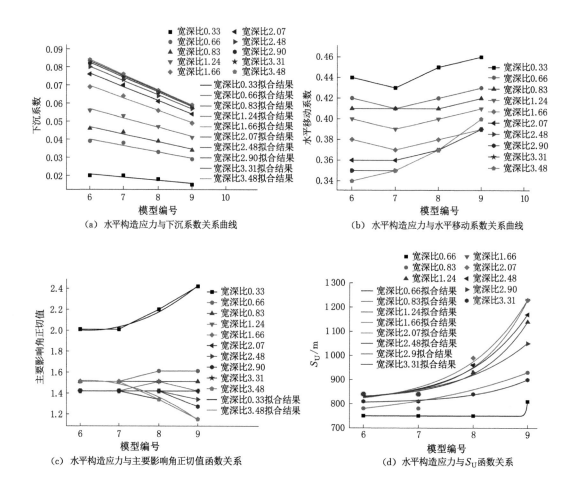

图 3-52 水平构造应力与深部单工作面开采地表移动变形表征参数函数关系

图 3-53～图 3-58 为考虑水平构造应力的巨厚弱胶结覆岩深部多工作面开采地表移动变形曲线图。为进一步分析水平构造应力变化对巨厚弱胶结覆岩深部多工作面开采地表移动变形规律的影响,本书统计了模型 10～模型 15 中表征地表移动变形规律的相关参数,见表 3-17。

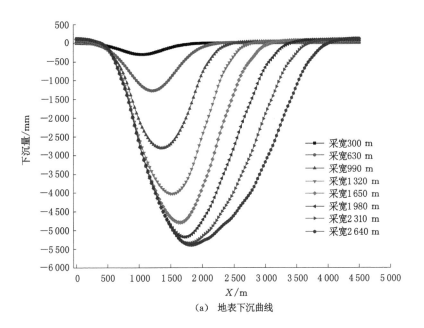

（a） 地表下沉曲线

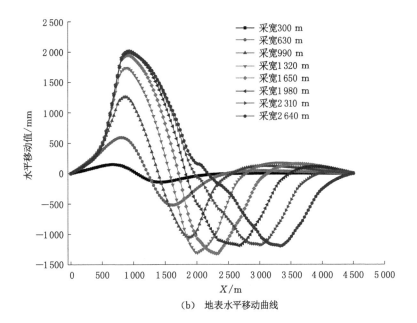

（b） 地表水平移动曲线

图 3-53 模型 10 地表移动变形曲线

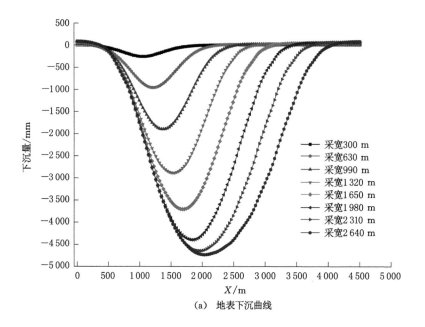

（a）地表下沉曲线

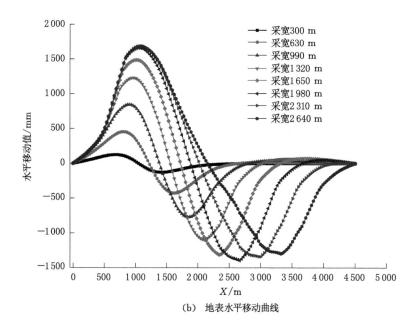

（b）地表水平移动曲线

图 3-54 模型 11 地表移动变形曲线

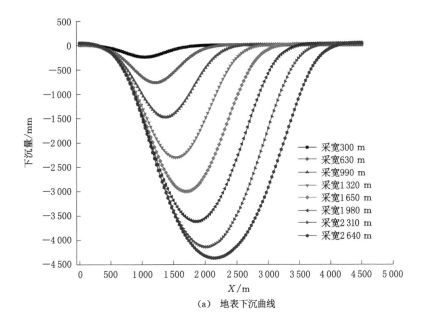

（a） 地表下沉曲线

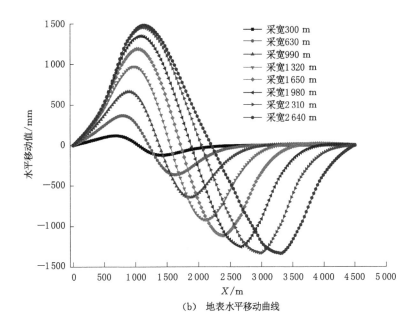

（b） 地表水平移动曲线

图 3-55 模型 12 地表移动变形曲线

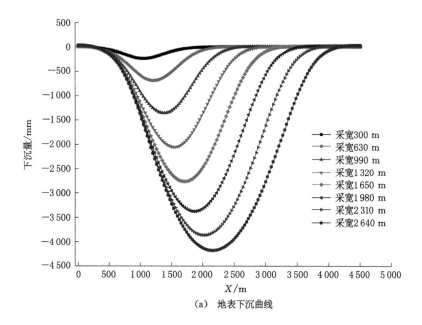

（a）地表下沉曲线

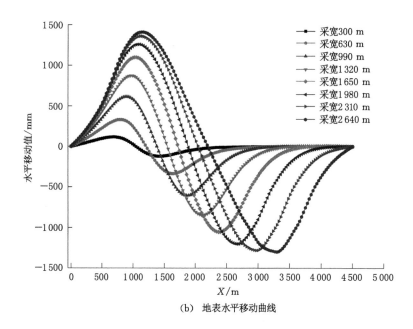

（b）地表水平移动曲线

图 3-56　模型 13 地表移动变形曲线

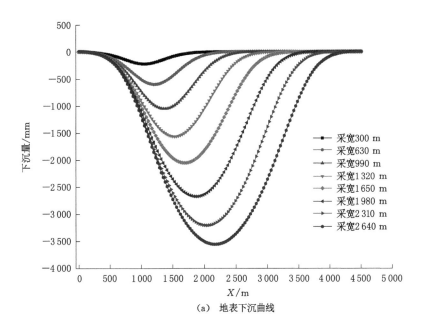

（a）地表下沉曲线

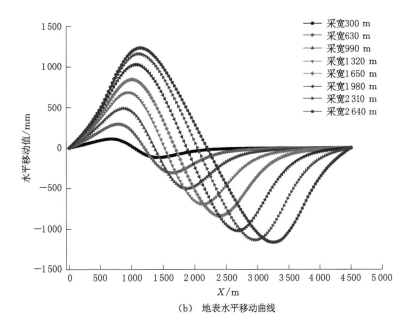

（b）地表水平移动曲线

图 3-57　模型 14 地表移动变形曲线

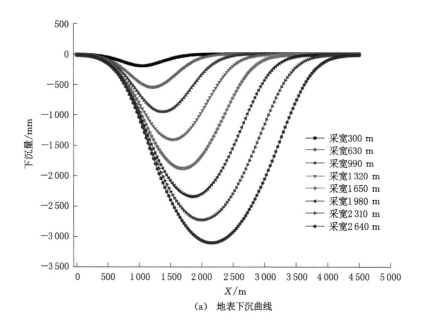

(a) 地表下沉曲线

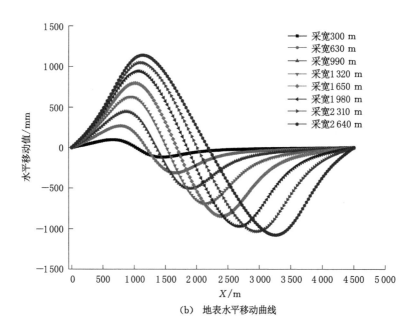

(b) 地表水平移动曲线

图 3-58　模型 15 地表移动变形曲线

表 3-17 考虑水平构造应力的深部多工作面开采地表移动变形表征参数

模型名称	宽深比	W_{max} /mm	q	U_{max} /mm	b	S_W/m	S_U/m	主要影响角正切值	边界角 /(°)
模型 10	0.41	307	0.09	147	0.48	780	1 170	0.93	43
	0.87	1 278	0.26	590	0.46	750	900	0.97	44
	1.32	2 807	0.47	1 261	0.45	630	690	1.15	49
	1.78	4 031	0.67	1 736	0.43	600	570	1.21	50
	2.23	4 796	0.8	1 944	0.41	570	600	1.27	52
	2.69	5 181	0.86	2 013	0.39	540	630	1.34	53
	3.14	5 344	0.89	2 011	0.38	540	750	1.34	53
	3.60	5 394	0.90	1 995	0.37	510	960	1.42	55
模型 11	0.41	257	0.07	125	0.49	690	1 170	1.05	46
	0.87	965	0.19	452	0.47	720	1 050	1.01	45
	1.32	1 901	0.32	846	0.45	660	900	1.10	48
	1.78	2 889	0.48	1 229	0.43	630	810	1.15	49
	2.23	3 708	0.62	1 487	0.40	600	780	1.21	50
	2.69	4 378	0.73	1 657	0.38	570	780	1.27	52
	3.14	4 650	0.78	1 687	0.36	570	930	1.27	52
	3.60	4 740	0.79	1 677	0.35	540	960	1.34	53
模型 12	0.41	242	0.07	118	0.49	690	1 230	1.05	46
	0.87	771	0.15	363	0.47	750	1 260	0.97	44
	1.32	1 480	0.25	661	0.45	690	1 110	1.05	46
	1.78	2 302	0.38	969	0.42	660	1 020	1.10	48
	2.23	3 003	0.50	1 188	0.40	630	990	1.15	49
	2.69	3 621	0.60	1 345	0.37	600	1 050	1.21	50
	3.14	4 142	0.69	1 451	0.35	600	1 170	1.21	50
	3.60	4 370	0.73	1 479	0.34	570	930	1.27	52
模型 13	0.41	238	0.07	116	0.49	690	1 260	1.05	46
	0.87	695	0.14	328	0.47	750	1 410	0.97	44
	1.32	1 363	0.23	613	0.45	690	1 260	1.05	46
	1.78	2 058	0.34	872	0.42	690	1 170	1.05	46
	2.23	2 766	0.46	1 098	0.40	660	1 140	1.10	48
	2.69	3 379	0.56	1 259	0.37	630	1 200	1.15	49
	3.14	3 866	0.64	1 359	0.35	630	1 200	1.15	49
	3.60	4 184	0.70	1 411	0.34	600	930	1.21	50

表 3-17(续)

模型名称	宽深比	W_{max} /mm	q	U_{max} /mm	b	S_W/m	S_U/m	主要影响角正切值	边界角 /(°)
模型 14	0.41	224	0.07	109	0.49	720	1 410	1.01	45
	0.87	607	0.12	290	0.48	780	1 860	0.93	43
	1.32	1 054	0.18	486	0.46	780	2 010	0.93	43
	1.78	1 566	0.26	682	0.44	780	1 890	0.93	43
	2.23	2 049	0.34	844	0.41	780	1 710	0.93	43
	2.69	2 671	0.45	1 026	0.38	780	1 500	0.93	43
	3.14	3 206	0.53	1 158	0.36	780	1 260	0.93	43
	3.60	3 554	0.59	1 230	0.35	750	960	0.97	44
模型 15	0.41	197	0.06	96	0.49	780	2 190	0.93	43
	0.87	555	0.11	264	0.48	870	2 520	0.83	40
	1.32	958	0.16	443	0.46	1 020	2 400	0.71	35
	1.78	1 414	0.24	625	0.44	1 200	2 160	0.60	31
	2.23	1 883	0.31	794	0.42	1 530	1 860	0.47	25
	2.69	2 348	0.39	939	0.40	1 650	1 590	0.44	24
	3.14	2 732	0.46	1 044	0.38	1 320	1 290	0.55	29
	3.60	3 107	0.52	1 136	0.37	990	960	0.73	36

为直观分析深部多工作面开采时宽深比与地表下沉系数、主要影响角正切值和边界角等参数之间的关系,以及同等采动程度条件下地表移动变形参数与水平构造应力的关系,根据表 3-17 的数据绘制了相应的变形曲线图,并进行拟合,如图 3-59～图 3-63 所示。

由图 3-59(a)可知,随着采动程度的增大,地表下沉系数逐渐增大,地表下沉系数变化速率先增大后减小。模型 10～模型 15 对应的地表下沉系数分别为 0.90、0.79、0.73、0.70、0.59 和 0.52,采动程度与地表下沉系数呈 Boltzmann 函数关系,对应的相关系数 R^2 为 0.999、0.998、0.999、0.999、0.998 和 0.999。

由图 3-59(b)可知,随着采动程度的增大,水平移动系数逐渐减小,水平移动系数变化速率先增大后减小。模型 10～模型 15 中水平移动系数变化范围分别为 0.37～0.48、0.35～0.49、0.34～0.49、0.34～0.49、0.35～0.49、0.37～0.49,采动程度与水平移动系数呈 Boltzmann 函数关系,对应相关系数 R^2 为 0.995、0.998、0.999、0.999、0.999、0.999。

由图 3-59(c)可知,当水平应力小于垂直应力时,随着采动程度的增大,主要影响角正切值逐渐增大;当侧压力系数为 0.4 时(模型 10),宽深比与主要影响角正切值呈对数函数关系,相关系数 $R^2=0.958$。随着水平构造应力的增大,主要影响角正切值由随着宽深比的增大逐渐增大,变为随着宽深比的增大而先减小后增大。当侧压力系数为 2.0 时(模型 13),宽深比与主要影响角正切值呈 Gauss 函数关系,相关系数 $R^2=0.979$。

由图 3-59(d)可知,当水平应力小于垂直应力时,随着采动程度的增大,水平移动边界距离采空区边界的距离 S_U 先增大后减小。模型 10 和模型 11 的 S_U 变化范围均为 960～1 170 m。模型 12～模型 15 的 S_U 变化范围分别为 930～1 230 m、930～1 260 m、

960～1 410 m 和 960～2 190 m。随着水平构造应力的增大,模型 10 和模型 15 采动程度与 S_U 之间的函数关系逐渐由抛物线二次多项式函数关系变为 Gauss 函数关系,对应的相关系数 R^2 为 0.990 和 0.980。在模型 14 和模型 15 中,随着采动程度的增大,水平移动边界迅速扩大至模型边界,S_U 达到最大值。若模型无限大,则采动程度与 S_U 之间呈幂指数函数关系。

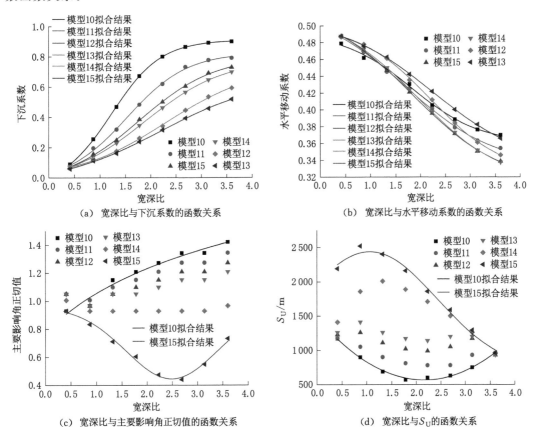

(a) 宽深比与下沉系数的函数关系　　　　(b) 宽深比与水平移动系数的函数关系

(c) 宽深比与主要影响角正切值的函数关系　　(d) 宽深比与 S_U 的函数关系

图 3-59　宽深比与考虑水平构造应力深部多工作面开采地表移动变形表征参数函数关系

由图 3-60 可知,同等采动程度条件下,随着水平构造应力的增大,地表下沉系数逐渐减小,地表下沉系数变化速率迅速减小。同等采动程度条件下,水平构造应力与下沉系数呈幂指数函数关系,当宽深比分别为 0.41、0.87、1.32、1.78、2.23、2.69、3.14 和 3.60 时,对应相关系数 R^2 为 0.741、0.940、0.912、0.930、0.947、0.974、0.974 和 0.946。随着采动程度的增大,水平构造应力与地表下沉系数的幂指数函数相关性基本是逐渐增强的。具体函数关系如式(3-16)所示。

$$\left.\begin{array}{l} q_{0.41} = 143.47\,\mathrm{e}^{-\frac{\lambda}{0.05}} + 0.07, q_{0.87} = 0.79\,\mathrm{e}^{-\frac{\lambda}{0.22}} + 0.12 \\ q_{1.32} = 1.39\,\mathrm{e}^{-\frac{\lambda}{0.24}} + 0.18, q_{1.78} = 1.33\,\mathrm{e}^{-\frac{\lambda}{0.32}} + 0.25 \\ q_{2.23} = 1.09\,\mathrm{e}^{-\frac{\lambda}{0.46}} + 0.30, q_{2.69} = 0.90\,\mathrm{e}^{-\frac{\lambda}{0.60}} + 0.37 \\ q_{3.14} = 0.75\,\mathrm{e}^{-\frac{\lambda}{0.88}} + 0.39, q_{3.60} = 0.65\,\mathrm{e}^{-\frac{\lambda}{1.17}} + 0.41 \end{array}\right\} \qquad (3\text{-}16)$$

式中,$q_{0.41}$、$q_{0.87}$、$q_{1.32}$、$q_{1.78}$、$q_{2.23}$、$q_{2.69}$、$q_{3.14}$ 和 $q_{3.60}$ 分别为宽深比 0.41、0.87、1.32、1.78、

2.23、2.69、3.14 和 3.60 时的地表下沉系数;λ 为侧压系数。

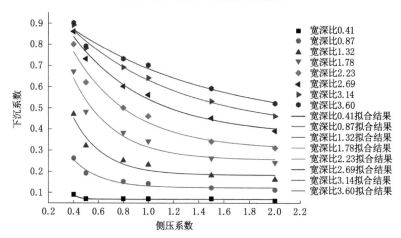

图 3-60　同等采动程度条件下水平构造应力与深部多工作面开采地表下沉系数函数关系

由图 3-61 可知,当采动程度较小时(宽深比为 0.41、0.87 和 1.32),同等采动程度条件下,随着水平构造应力的增大,水平移动系数逐渐增大。当宽深比为 0.41 时,水平构造应力与水平移动系数呈对数函数关系,相关系数 $R^2 = 0.993$。当采动程度较大时(宽深比大于 1.32),同等采动程度条件下,随着水平构造应力的增大,水平移动系数先减小后增大。随着采动程度的增大,水平构造应力与水平移动系数之间的函数关系逐渐由对数函数关系转变为抛物线二次多项式函数关系。当宽深比为 3.60 时,对应的相关系数 $R^2 = 0.744$。

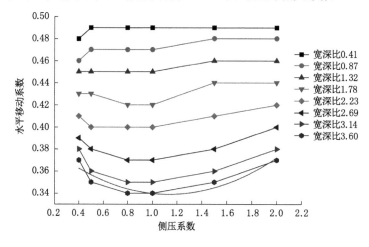

图 3-61　同等采动程度条件下水平构造应力与深部多工作面开采地表水平移动系数函数关系

由图 3-62(a)可知,当开采范围较小时(宽深比为 0.41 和 0.87),同等采动程度条件下,随着水平构造应力的增大,主要影响角正切值先增大后减小。由图 3-62(b)可知,随着采动程度的不断增大,同等采动程度条件下,主要影响角正切值由随着水平构造应力的增大先增大后减小,变为随着水平构造应力的增大而逐渐减小,水平构造应力与主要影响角正切值呈幂指数函数系。当宽深比为 1.32、1.78、2.23、2.69、3.14 和 3.60 时,相关系数 R^2 分别为 0.901、0.981、0.989、0.993、0.994 和 0.991。下沉边界扩展至模型边界后,S_w 逐渐减小,采动程度与主要影响角正切值的幂指数函数关系逐渐减弱。

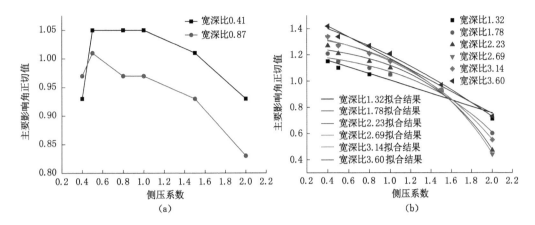

图 3-62 同等采动程度条件下水平构造应力与深部多工作面开采地表主要影响角正切值函数关系

由图 3-63 可知,同等采动程度条件下,随着水平构造应力的增大,水平移动边界距离采空区边界的距离逐渐增大。水平构造应力与水平移动边界距离采空区边界的距离呈 Boltzmann 函数关系,当宽深比分别为 0.41、0.87、1.32、1.78、2.23、2.69 和 3.14 时,对应的相关系数 R^2 为 0.994、0.992、0.981、0.971、0.976、0.994 和 0.989。具体函数关系如式(3-17)所示。

$$
\left.
\begin{aligned}
&S_{U0.41} = 651\,322 - \frac{650\,149}{1 + \mathrm{e}^{\frac{\lambda - 4.30}{0.36}}}, S_{U0.87} = 157\,540 - \frac{157\,975}{1 + \mathrm{e}^{\frac{\lambda - 10.28}{2.08}}} \\
&S_{U1.32} = 2\,620 - \frac{2\,075}{1 + \mathrm{e}^{\frac{\lambda - 1.19}{0.37}}}, S_{U1.78} = 2\,299 - \frac{1\,856}{1 + \mathrm{e}^{\frac{\lambda - 1.10}{0.34}}} \\
&S_{U2.23} = 1\,936 - \frac{1\,458}{1 + \mathrm{e}^{\frac{\lambda - 1.02}{0.31}}}, S_{U2.69} = 1\,672 - \frac{2\,167}{1 + \mathrm{e}^{\frac{\lambda - 0.35}{0.49}}} \\
&S_{U3.14} = 1\,274 - \frac{722\,352}{1 + \mathrm{e}^{\frac{\lambda + 1.49}{0.26}}}
\end{aligned}
\right\}
\quad (3\text{-}17)
$$

式(3-17)中的 $S_{U0.41}$、$S_{U0.87}$、$S_{U1.32}$、$S_{U1.78}$、$S_{U2.23}$、$S_{U2.69}$ 和 $S_{U3.14}$ 分别为宽深比 0.41、0.87、1.32、1.78、2.32、2.69 和 3.14 时的水平移动边界距离采空区边界的距离。

为进一步量化水平构造应力对地表移动变形规律表征参数的影响,本书以地质原型模型 6 为基础数据,绘制了单工作面开采时模型 7～模型 9 水平构造应力变化时相对于模型 6 的地表移动变形规律表征参数变化值曲线图;以地质原型模型 10 为基础数据,绘制了多工作面开采时模型 11～模型 15 水平构造应力变化时相对于模型 10 的地表移动变形规律表征参数变化值曲线图,如图 3-64～图 3-66 所示。

由图 3-64(a)可知,在模型 7～模型 9 中,随着采动范围的不断扩大,下沉系数变化值呈对数函数变化,下沉系数变化值的最大值分别为 0.008、0.017 和 0.025,下沉系数减小幅度分别占模型 6 相应下沉系数的 9.5%、20.0% 和 29.8%。由图 3-64(b)可知,在模型 11～模型 15 中,随着采动范围的不断扩大,下沉系数变化值呈 Extreme 函数变化,下沉系数变化值的最大值分别为 0.19、0.30、0.34、0.46 和 0.49,下沉系数减小幅度分别占模型 10 相应下

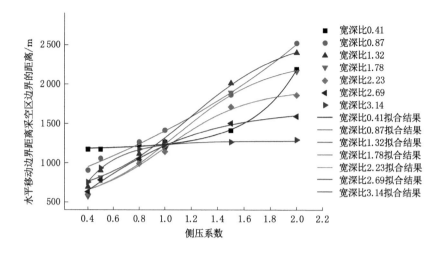

图 3-63　同等采动程度条件下水平构造应力与深部多工作面开采 S_U 函数关系

沉系数的 28.4%、37.5%、42.5%、57.5% 和 61.3%。所以,单工作面开采时,水平构造应力对地表下沉影响较小,地层结构起主要作用。多工作面开采时,地层结构中关键层发生破坏,水平构造应力对地表下沉影响较大,起主要作用。

由图 3-65(a)可知,在模型 7～模型 9 中,随着采动范围的不断扩大,S_W 变化值的最大值分别为 0 m、60 m 和 150 m,S_W 增大幅度分别占模型 6 相应 S_W 的 0%、12.5% 和 31.3%。由图 3-65(b)可知,在模型 11～模型 15 中,随着采动范围的不断扩大,S_W 变化值的最大值分别为 30 m、60 m、90 m、240 m 和 1 110 m,S_W 增大幅度分别占模型 10 相应 S_W 的 5.9%、11.8%、17.6%、47.1% 和 205.6%。所以,一般来说,水平构造应力对地表下沉范围影响较小。当水平构造应力为 2 倍垂直应力以上时,水平构造应力对地表下沉范围影响较大。

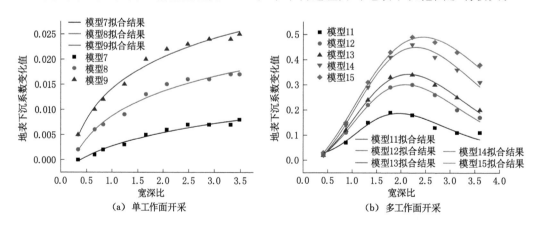

(a) 单工作面开采　　　　　(b) 多工作面开采

图 3-64　水平构造应力对地表下沉系数变化值的影响

由图 3-66(a)可知,在模型 7～模型 9 中,随着采动范围的不断扩大,S_U 变化值的最大值分别为 0 m、150 m 和 390 m,S_U 增大幅度分别占模型 6 相应 S_U 的 0%、17.9% 和 46.4%。由图 3-66(b)可知,在模型 11～模型 15 中,随着采动范围的不断扩大,S_U 变化值的最大值分

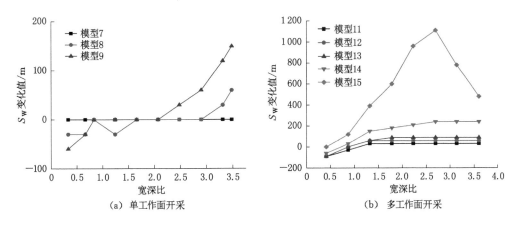

图 3-65　水平构造应力对 S_W 变化值的影响

别为 240 m、450 m、600 m、1 320 m 和 1 710 m，S_U 增大幅度分别占模型 10 相应 S_U 的 42.1%、78.9%、105.3%、231.6% 和 247.8%。所以，单工作面开采时，水平构造应力对地表水平移动范围影响较小；多工作面开采时，水平构造应力对地表水平移动范围影响较大。

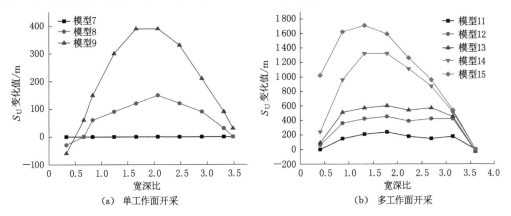

图 3-66　水平构造应力对 S_U 变化值的影响

3.4　本章小结

　　本章借助 FLAC 3D 和 UDEC 数值模拟软件研究了开采因子、覆岩结构和水平构造应力等因素对巨厚弱胶结覆岩深部开采岩层运动的影响规律，得到如下结论：

　　（1）当走向和倾向都达到充分采动时，巨厚弱胶结覆岩深部开采地表移动变形仍然呈现非充分采动的特征。当 $D_1/H_0 \geqslant 3$ 和 $D_3/H_0 \geqslant 3$ 时，地表达到充分采动。巨厚弱胶结覆岩深部单工作面开采时，随着走向采动程度的不断增大，走向边界角呈 Boltzmann 函数迅速减小，并逐渐趋于定值 53°，下沉系数呈 Boltzmann 函数增大，并逐渐趋于定值 0.09。巨厚弱胶结覆岩深部多工作面开采时，随着倾向采动程度的不断增大，地表下沉系数呈 Boltzmann 函数增大，并逐渐趋于定值 0.90，水平移动系数呈正弦函数减小，主要影响角正切值呈 Boltzmann 函数增大，并逐渐趋于定值 1.53。

（2）当煤层复采时，随着采动程度的增大，地表下沉系数呈 Boltzmann 函数增大，水平移动系数呈幂指数函数减小，主要影响角正切值呈幂指数函数增大。上行煤层和下行煤层连续开采后，地表最大下沉量小于两煤层单独开采最大下沉量之和，重复采动活化下沉系数为负值。此外，通过拟合得到了煤层初采地表下沉系数 $q_{初}$、复采地表下沉系数 $q_{复}$、初采水平移动系数 $b_{初}$、复采水平移动系数 $b_{复}$、初采主要影响角 $\beta_{初}$ 正切值和复采主要影响角 $\beta_{复}$ 正切值关系表达式，具体如下：

$$\left.\begin{aligned} q_{复} &= \sqrt[4]{0.385 - \frac{0.385}{1 + e^{\frac{D_1/H_0 - 2.199}{0.382}}}} \, q_{初} \\ b_{复} &= b_{初} + 0.015 - 0.05\ln(D_1/H_0 + 0.036) \\ \tan\beta_{复} &= \tan\beta_{初} + 750 - \frac{751.036}{1 + e^{\frac{D_1/H_0 - 5.831}{0.364}}} \end{aligned}\right\} \tag{3-18}$$

（3）区段煤柱对上覆岩层的控制作用受工作面尺寸的影响较大。随着工作面尺寸的增大，区段煤柱对上覆岩层的限制作用逐渐减弱。

（4）在上覆岩层发生剧烈下沉前后，同等采动程度条件下，巨厚弱胶结砂岩单层厚度与上覆岩层下沉系数关系曲线是不同的。在上覆岩层发生剧烈下沉前，同等采动程度条件下，随着巨厚砂岩单层厚度减小，下沉系数呈幂指数函数增大。在上覆岩层发生剧烈下沉后，同等采动程度条件下，随着巨厚砂岩单层厚度的减小，下沉系数呈二次多项式函数先减小后增大。相对于无关键层的地层，随着采动程度的增大，巨厚砂岩对上覆岩层移动的控制作用先增强后减弱，当地表达到即将发生剧烈下沉的临界点时，巨厚砂岩对上覆岩层移动的控制作用达到最强。

（5）当覆岩结构位置由主关键层位于亚关键层上方变为主关键层位于亚关键层下方时，同等采动程度条件下，地表下沉系数呈 Boltzmann 函数增大，水平移动系数先减小后增大，主要影响角正切值先增大后减小。主关键层结构及亚关键层结构的相对空间距离变化时，地表下沉系数变化值的最大值为 0.09，地表下沉系数增大幅度约为 15.8%。主亚关键层结构相对空间顺序变化时，地表下沉系数变化较大，地表下沉系数变化值的最大值为 0.31，地表下沉系数增大幅度为 67.4%。主关键层结构及亚关键层结构的相对空间距离和相对空间顺序变化时，水平移动系数和主要影响角正切值的变化幅度均小于 20%。因此，主关键层结构及亚关键层结构相对顺序的变化对地表下沉系数影响较大，主亚关键层结构相对空间位置的变化对地表下沉系数影响较小，主关键层结构及亚关键层结构相对空间距离和相对空间顺序的变化对地表水平移动系数和主要影响角正切值影响较小。

（6）深部单工作面开采时，同等采动程度条件下，随着水平构造应力的增大，地表下沉系数呈线性函数减小，水平移动系数逐渐增大，主要影响角正切值逐渐由呈开口向上抛物线函数增大变为呈开口向下抛物线函数减小，S_U 呈幂指数函数增大。此时，水平构造应力对地表下沉系数、水平移动系数、S_W 和 S_U 等地表移动参数的影响虽然呈现明显的规律性，但是各参数的变化值很小。因此，深部单工作面开采时，上覆岩层运动受地层结构控制作用的影响较大，受水平构造应力的影响较小。

（7）深部多工作面开采时，同等采动程度条件下，随着水平构造应力的增大，地表下沉系数呈幂指数函数减小，S_U 呈 Boltzmann 函数增大，水平移动边界的扩大速度远大于地表下沉边界的扩大速度。当倾向采动程度较小时，同等采动程度条件下，随着水平构造应力的增大,水平移动系数呈对数函数逐渐增大;当倾向采动程度较大时,同等采动程度条件下,随着水平构造应力的增大,水平移动系数呈二次多项式函数先减小后增大。当倾向采动程度较小时,同等采动程度条件下,随着水平构造应力的增大,主要影响角正切值先增大后减小;当倾向采动程度较大时,同等采动程度条件下,随着水平构造应力的增大,主要影响角正切值呈幂指数函数逐渐减小。

(8)当水平构造应力达到 2 倍垂直应力时,巨厚弱胶结覆岩深部多工作面开采下沉系数变化值的最大值为 0.49,下沉系数减小幅度达 61.3%,S_W 变化值的最大值达 1 110 m,S_W 增大幅度达 205.6%,S_U 变化值的最大值达 1 710 m,S_U 增大幅度达 247.8%。因此,水平构造应力是深部开采影响范围远大于当前认知的主要原因之一,也是巨厚弱胶结覆岩深部开采地表下沉量较小的主要原因之一。

4 巨厚弱胶结覆岩深部开采岩层运动规律及破坏特征研究

为揭示巨厚弱胶结覆岩深部开采岩层运动与破坏机理,本书采用相似材料模拟和离散元数值模拟分析软件 UDEC,以营盘壕煤矿为地质原型建立相应的物理模型和二维数值模型,深入研究巨厚弱胶结覆岩深部开采岩层运动规律与破坏特征。

4.1 相似材料模拟研究思路

相似材料模拟根据相似原理,将矿山地层按照一定比例缩小,制作成相似材料模型,从而最大限度地还原资源开采引起的岩层运动过程,是研究岩层移动问题的重要手段。采深较大严重制约了该方法在研究深部开采岩层移动问题中的使用。目前,采用相似材料模型研究深部开采岩层移动问题存在以下不足:

(1) 当几何相似比取 1/300~1/100 时,模型过高,且施工难度骤增,极易倒塌。

(2) 当几何相似比取 1/500~1/300 时,影响范围较广,模型尺寸较大,工作量骤增。

(3) 当几何相似比取 1/600~1/500,甚至 1/800 时,动力学相似比过小,模型极易倒塌,且比例尺过小,试验结果严重失真。

(4) 当采用等效荷载法研究深部开采岩层移动问题时,忽略了未铺设岩层中关键层对上覆岩层荷载向下传递的影响,导致试验结果失真。

研究区域采深约 725 m,采深较大。按照一般方法铺设相似材料模型时,模型过高极易倒塌。因此,本书提出了巨厚弱胶结覆岩深部开采岩层运动相似材料模拟研究新思路——叠合式相似材料模拟,具体如下所述。

叠合式相似材料模拟根据研究区域地质采矿条件,以巨厚志丹群砂岩底部为边界将地层划分为两部分,分别铺设两台相似材料模型来研究相应覆岩的运动规律及破坏特征,最终实现研究巨厚弱胶结覆岩深部开采岩层运动与破坏时空演化规律的目标,如图 4-1 所示。图中括号内的数字为岩层厚度。含有煤层的相似材料模型称为基础模型,将含有巨厚志丹群砂岩的相似材料模型称为叠合模型。基础模型的研究方法是在模型顶部施加一定的荷载来代替上覆岩层的作用,而叠合模型研究方法是利用模型底部可移动的试验装置(图 4-2),通过调节试验装置的托板,使得叠合模型底部的位移与基础模型顶部的位移保持一致。

利用该思路模拟研究巨厚弱胶结覆岩深部开采岩层运动与破坏时空演化规律时,应注意以下几点:

(1) 由于叠合模型存在主要关键层结构,主要关键层结构能够在一定程度上阻碍上覆

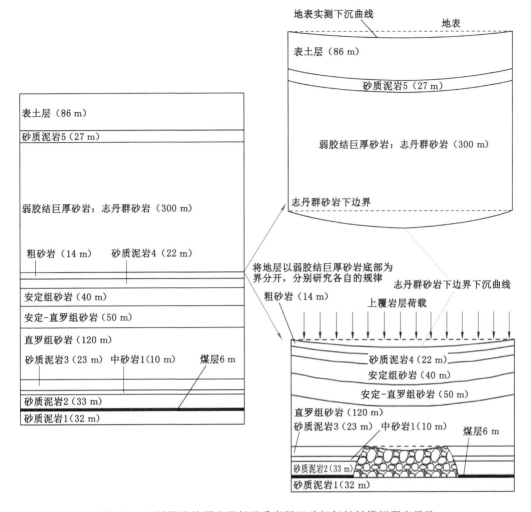

图 4-1　巨厚弱胶结覆岩深部开采岩层运动相似材料模拟研究思路

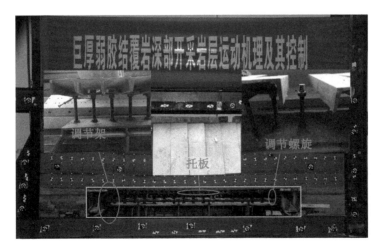

图 4-2　可移动的试验装置

岩层荷载向下传递。此时,不能将叠合模型岩层荷载全部等效为自重应力施加在基础模型的顶部。

（2）为尽量保持基础模型顶部和叠合模型底部的下沉曲线一致,基础模型顶部部分岩层应与叠合模型底部部分岩层重合。

（3）随着开采范围的不断扩大,模型顶部逐渐发生弯曲变形,模型顶部与加压装置之间易产生较大缝隙,导致应力边界条件失真。

4.2　深部开采大尺寸相似材料模型监测方法

深部开采由于覆岩移动范围扩大,采动地表变形问题已从单个工作面采动变形扩展到采区多个工作面采动影响、甚至是多采区采动联合影响的区域变形响应问题。因此,深部开采相似材料模型逐步向大尺寸相似材料模型和可整体移动动态监测模型方向发展,这就对现有的相似材料模型监测提出了更高的要求。

目前,相似材料模型监测方法众多,而近景摄影测量方法由于自身独特的优势,在相似材料模型监测中得到了广泛的应用[134-135]。无标点-近景摄影测量方法[136-137]数据的处理方法较为复杂,处理速度更加缓慢,限制了其使用范围。在标点法-近景摄影测量方面,汤伏全[138]和任伟中[139]等分别利用专业摄影机和数码相机,拍摄立体像对,监测相似材料模型,测量精度较高,但是无法实现动态监测。当模型尺寸较大时,摄影距离增大,测量精度也随之降低。蔡利梅、黎少辉等[140-141]提出的自动网格法虽然能够实现相似材料模型的动态监测,但仅适用于变形较小且缓慢的区域,适用性较差。朱晓峻、郭广礼[142]提出采用光学图像法监测相似材料模型,精度较高,也能实现动态监测,但是每个监测点需要布设光学透镜,操作难度较大,测量范围较小,且无法避免灯光透镜法的局限性。许世娇[143]针对大跨度、大范围、大比例尺相似材料模型,设计了以伺服电机驱动工业相机在匀速运动过程中可以连续拍摄的相似材料模型,并进行影像拼接、处理和解析。该方法虽然能够监测大尺寸相似材料模型,但是试验设计较为复杂,且用于拼接的各个影像并不是在同一时刻拍摄得到的,存在时间上的不连续性,无法完成大尺寸相似材料模型整体动态变形监测。XJTUDP测量系统虽然能够在测量精度上满足要求,但是对拍摄环境及拍摄者摄影技术要求较高,单组拍摄成功率较低。尤其是在监测大尺寸相似材料模型时,经常无法识别一些重要的特征点,数据处理速度较慢,且无法实现相似材料模型动态监测。另外,标点法-近景摄影测量无法摆脱标志点的束缚,实现任意点监测。当相似材料模型未贴标志点区域发生异常变形时,该类监测手段完全失效。深部开采由于地下开采活动与地表变形响应的关联特性比较复杂,极有可能在相似材料模型中未贴标志点区域发生异常变形。

为了弥补现有监测方法监测深部开采大尺寸相似材料模型的不足,本书提出采用单双目近景摄影测量联合监测方法观测深部开采大尺寸相似材料模型,并基于VC++开发了单目视觉测量技术手动识别后处理软件。该软件利用XJTUDP测量系统实现了大尺寸相似材料模型的高精度测量,利用基于等比数列修正的位移视差法实现了深部开采大尺寸相似材料模型任意异常点监测和模型整体动态监测。

XJTUDP测量系统已经非常成熟,本节只详细阐述基于等比数列修正的位移视差法的相关理论和试验。基于等比数列修正的位移视差法单目视觉近景摄影测量技术的测量原理是:首先在变形体变形前拍摄几组像片,选取影像质量最好的一组像片作为参考像片;然后在变形体变形的过程中按照一定的时间间隔连续拍摄多组像片作为后继像片;最后将后继像片与参考像片作对照,得到在不同时间节点变形体上所有变形点的动态变形规律。

(1)数码相机的精度测定

摄影测量系统数码相机畸变差是影响测量精度的主要因素[144-145]。假定数码相机在试验过程中是固定不动的,那么像片中心附近的畸变差就是线性变化的[146]。因此,本书采用格网法[147]来消除数码相机的畸变差,从而提高测量精度。如图4-3所示,从相机视角来看,若像片上的 A 点受畸变差的影响而移至 A' 点,则 A 到 A' 的距离即数码相机的光学畸变差,ΔX 和 ΔZ 分别表示 X 方向和 Z 方向的畸变差。

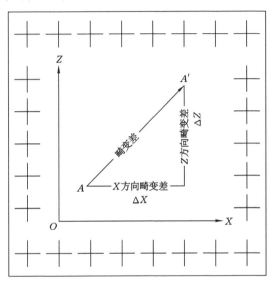

图 4-3 格网法示意图

利用格网法改正畸变差的详细步骤如下:

① 固定格网于适当位置,于一定距离布设数码相机;

② 不断地用数码相机拍摄格网中心位置,同时记录相机与格网的距离;

③ 选取成像质量好的像片,将其与实际格网相比较,仔细观察像片中的特征点,分析非量测数码相机畸变差的大小与方向;

④ 沿统一方向移动相机至不同位置,重复步骤②与步骤③;

⑤ 根据前面的 4 个步骤,推算其相关数学表达式,并解算出畸变差。

(2)基于景深变化的等比数列

传统位移视差法将参考点布设在被监测体附近,使得由参考点组成的参考面与被监测体表面平行,当摄影方向与参考面垂直时,同样也与被监测体表面垂直。基于等比数列修正的位移视差法是将参考点布设在数码相机附近,由参考点组成的参考面未必与被监测体表面平行,摄影方向与参考面垂直,未必与被监测体表面垂直。而沿摄影方向,不同景深位置的摄影比例尺是不断变化的[148-149]。图4-4为采用CCD数码相机在不同摄影距离 H_3 和 H_4 进行摄影的示意图。图中 H_2 为光学起源与CCD前端之间的距离,D_1 为景深为 H_3 时拍摄画面在参考面上的实际长度,D_2 为景深为 H_4 时拍摄画面在物平面上的实际长度。H_1 为数码相机的焦距,N 为像平面水平方向的最大像素值,为固定值,与摄影距离的变化没有关系。

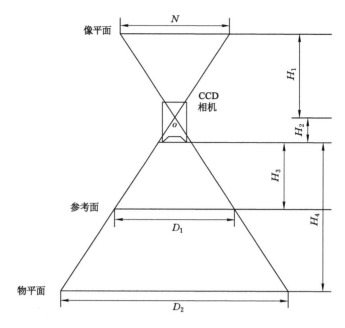

图 4-4　景深等比数列示意图

由图 4-4 可知,像素值与摄影距离的变化关系如式(4-1)所示。

$$\left.\begin{array}{c} \dfrac{H_1}{H_2 + H_3} = \dfrac{N}{D_1} \\[3mm] \dfrac{H_1}{H_2 + H_4} = \dfrac{N}{D_2} \end{array}\right\} \tag{4-1}$$

一般来说,H_3 和 H_4 单位的数量级为米级,H_2 单位的数量级为厘米级。因此,在摄影距离较大时,H_2 可以忽略不计,则式(4-1)可以表示为:

$$\left.\begin{array}{c} \dfrac{H_1}{H_3} = \dfrac{N}{D_1} \\[3mm] \dfrac{H_1}{H_4} = \dfrac{N}{D_2} \end{array}\right\} \tag{4-2}$$

从式(4-2)可以得到下式:

$$D_2 = \frac{H_4}{H_3} \cdot D_1 \tag{4-3}$$

假定 M_1 和 M_2 分别是参考面和物平面的摄影比例尺,结合式(4-3)可得:

$$M_2 = \frac{H_4}{H_3} \cdot M_1 \tag{4-4}$$

$$M_2 = s_{tc} \cdot M_1 \tag{4-5}$$

式中　s_{tc}——摄影比例变换系数,$s_{tc} = \dfrac{H_4}{H_3}$。

（3）基于等比数列修正的位移视差法

基于等比数列修正的位移视差法如图 4-5 所示。根据景深等比数列,可以得到参考面的摄影比例尺与被监测体表面(物平面)摄影比例尺之间的数学关系。利用该数学关系,将解算出来的变形监测点在参考面的位移转化为变形点的真实位移。具体推导过程如下所述。

在图 4-5 中,像片上变形点在物平面上的 Δx^{de} 和 Δz^{de} 可以表示为:

$$\left.\begin{array}{l} \Delta x^{de} = m\Delta p_x^{de} \\ \Delta z^{de} = m\Delta p_z^{de} \end{array}\right\} \tag{4-6}$$

式中,m 为参考面的摄影比例尺;Δx^{de} 和 Δz^{de} 分别是变形点在物平面上的水平位移和竖直位移;Δp_x^{de} 和 Δp_z^{de} 分别是相应变形点在像片上水平方向和竖直方向的视差值。注意此时 Δp_x^{de} 和 Δp_z^{de} 含有系统误差。

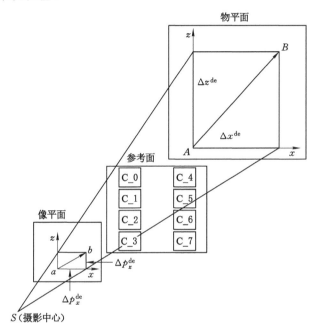

图 4-5 基于等比数列修正的位移视差法

Δp_x^{de} 和 Δp_z^{de} 的表达式为:

$$\left.\begin{array}{l} \Delta p_x^{de} = (x_2^{de} - x_1^{de}) - (\mathrm{d}x_2^{de} - \mathrm{d}x_1^{de}) \\ \Delta p_z^{de} = (z_2^{de} - z_1^{de}) - (\mathrm{d}z_2^{de} - \mathrm{d}z_1^{de}) \end{array}\right\} \tag{4-7}$$

式中,点 $a(x_1^{de}, z_1^{de})$ 和点 $b(x_2^{de}, z_2^{de})$ 分别为零像片和后继像片上的同名点;$(\mathrm{d}x_1^{de}, \mathrm{d}z_1^{de})$ 和 $(\mathrm{d}x_2^{de}, \mathrm{d}z_2^{de})$ 分别是同名变形点在零像片和后继像片上的系统误差;$(\Delta p_x^{de}, \Delta p_z^{de})$ 为变形点在像平面上的视差值。

为了消除因数码相机振动和脚架移动引起的视差值,采用固定不动的参考面进行零像片和后继像片的匹配。参考面由至少 3 个不在同一条直线上的参考点组成,在试验中采用图 4-5 中 C_0~C_7 作为参考点。注意:参考面与摄影方向是垂直的。误差消除过程如下所述。

在理论上,参考点是固定的,故有式(4-8):

$$\left.\begin{array}{l}(x_2^c-x_1^c)-(\mathrm{d}x_2^c-\mathrm{d}x_1^c)=0\\(z_2^c-z_1^c)-(\mathrm{d}z_2^c-\mathrm{d}z_1^c)=0\end{array}\right\}\tag{4-8}$$

式中，(x_1^c,z_1^c) 和 (x_2^c,z_2^c) 分别是同名参考点在零像片和后继像片上的坐标；$(\mathrm{d}x_1^c,\mathrm{d}z_1^c)$ 和 $(\mathrm{d}x_2^c,\mathrm{d}z_2^c)$ 分别是相应同名参考点在零像片和后继像片上的系统误差。

假定零像片和后继像片内外方位元素的变化引起了参考点视差 Δp_x^c 的产生，那么参考点视差的表达式为：

$$\left.\begin{array}{l}\Delta p_x^c=(x_2^c-x_1^c)=(\mathrm{d}x_2^c-\mathrm{d}x_1^c)=0\\[2mm]\Delta p_x^{c0}=\left(-\dfrac{\Delta Z_S}{Z}-\dfrac{\Delta f}{f}\right)x_1^c+\Delta k z_1^c+\left(-\dfrac{f}{Z}\Delta X_S-f\Delta\varphi-\Delta x_0\right)-\dfrac{x_1^{c\,2}}{f}\Delta\varphi-\dfrac{x_1^c z_1^c}{f}\Delta\omega\\[2mm]\delta p_x^c=-\left(\dfrac{\Delta p_x^c\mathrm{d}Z_{S2}}{Z}\right)-\dfrac{2\Delta p_x^c x_1^c}{f}\mathrm{d}\varphi_2-\dfrac{\Delta p_x^c z_1^c}{f}\mathrm{d}\omega_2-\dfrac{\Delta p_x^c x_1^c}{f}\mathrm{d}\omega_2+\Delta p_z^c\mathrm{d}k_2-\dfrac{\mathrm{d}f_2}{f}\Delta p_x^c\end{array}\right\}\tag{4-9}$$

式中，$(X_S,Z_S,\varphi,\omega,k,f,x_0)$ 是像片内外方位元素；$(\Delta X_S,\Delta Z_S,\Delta\varphi,\Delta\omega,\Delta k,\Delta f,\Delta x_0)$ 是变形像片相对于零像片的内外方位元素变化值；Δp_x^{c0} 是参考点像点坐标的函数；$(\mathrm{d}Z_{S2},\mathrm{d}\varphi_2,\mathrm{d}\omega_2,\mathrm{d}k_2,\mathrm{d}f_2)$ 是后继像片自身的内外方位元素；$(\Delta p_x^c,\Delta p_z^c)$ 为参考点在像平面上的视差值；δp_x^c 为像片自身内外方位元素变化和 $(\Delta p_x^c,\Delta p_z^c)$ 综合引起的视差。

由于各点的 $(\Delta p_x,\Delta p_z)$ 均不相同，因此不能借助控制点改正变形点的误差。本书主要改正系统误差 Δp_x^{c0}，其表达式可以写成式（4-10）：

$$\Delta p_x^{c0}=a_x x^c+b_x z^c+c_x+d_x x^{c2}+e_x x^c z^c\tag{4-10}$$

式中，$a_x=-\dfrac{\Delta Z_S}{Z}-\dfrac{\Delta f}{f}$；$b_x=\Delta k$；$c_x=-\dfrac{f}{Z}\Delta X_S-f\Delta\varphi-\Delta x_0$；$d_x=-\dfrac{\Delta\varphi}{f}$；$(a_x,b_x)$ 和 (a_z,b_z) 分别是 x 方向和 z 方向的视差系数；(c_x,d_x) 和 (c_z,d_z) 分别是 x 方向和 z 方向的系统误差系数；(x^c,z^c) 是参考点在像平面上的坐标。

$(\Delta p_x^{c0},\Delta p_z^{c0})$ 本身是微小量，其二次项可以忽略不计，则式（4-10）可以表示为：

$$\left.\begin{array}{l}\Delta p_x^{c0}=a_x x^c+b_x z^c+c_x\\\Delta p_z^{c0}=a_z x^c+b_z z^c+c_z\end{array}\right\}\tag{4-11}$$

像点坐标重心化后，得到参考点在重心化坐标系中的坐标 $(x^{c\prime},z^{c\prime})$ 和系统误差 $(\Delta p_x^{c0},\Delta p_z^{c0})$。当 $(\Delta p_x^{c0\prime},\Delta p_z^{c0\prime})$ 仅含有偶然误差时，可以得到式（4-12）：

$$\left.\begin{array}{l}\Delta p_x^{c0\prime}=a_x x^{c\prime}+b_x z^{c\prime}\\\Delta p_z^{c0\prime}=a_z x^{c\prime}+b_z z^{c\prime}\end{array}\right\}\tag{4-12}$$

根据式（4-12）可以分别得到 x 方向的视差系数 (a_x,b_x) 和 z 方向的视差系数 (a_z,b_z)，然后变形点的系统误差如式（4-13）所示。

$$\left.\begin{array}{l}\Delta p_x^{de0\prime}=a_x x^{de\prime}+b_x z^{de\prime}\\\Delta p_z^{de0\prime}=a_z x^{de\prime}+b_z z^{de\prime}\end{array}\right\}\tag{4-13}$$

式中，$(x^{de\prime},z^{de\prime})$ 和 $(\Delta p_x^{de0\prime},\Delta p_z^{de0\prime})$ 分别是变形点在重心化坐标系中的坐标和系统误差。

于是，相应变形点的视差改正值可以表示为式（4-14）：

$$\left.\begin{array}{l}\mathrm{cor}\Delta p_x^{de\prime}=\Delta p_x^{de\prime}-\Delta p_x^{de0\prime}\\\mathrm{cor}\Delta p_z^{de\prime}=\Delta p_z^{de\prime}-\Delta p_z^{de0\prime}\end{array}\right\}\tag{4-14}$$

式中，$(\mathrm{cor}\Delta p_x^{de\prime},\mathrm{cor}\Delta p_z^{de\prime})$ 为变形点在重心化坐标系中的视差改正值。

然后，根据参考平面得到变形点的位移改正值：

$$\left. \begin{array}{l} \mathrm{cor}\Delta x^{\mathrm{de}} = m\Delta\mathrm{cor}\Delta p_x^{\mathrm{de}'} \\ \mathrm{cor}\Delta z^{\mathrm{de}} = m\Delta\mathrm{cor}\Delta p_z^{\mathrm{de}'} \end{array} \right\} \tag{4-15}$$

式中，$(\mathrm{cor}\Delta x^{\mathrm{de}}, \mathrm{cor}\Delta z^{\mathrm{de}})$ 为变形点在参考平面上的位移改正值。

根据参考面和物平面上的摄影比例差，可以得到变形点的实际位移值：

$$\left. \begin{array}{l} \Delta x_{\mathrm{pst}}^{\mathrm{de}} i = s_{\mathrm{tc}}\Delta\mathrm{cor}\Delta x^{\mathrm{de}} \\ \Delta z_{\mathrm{pst}}^{\mathrm{de}} i = s_{\mathrm{tc}}\Delta\mathrm{cor}\Delta z^{\mathrm{de}} \end{array} \right\} \tag{4-16}$$

式中，Δx_i^{de} 和 Δz_i^{de} 是变形点在物平面上的实际空间位移，$i = 1, 2, 3, \cdots, n$。

当 $s_{\mathrm{tc}} = 1$ 时，基于等比数列修正的位移视差法可转化为位移视差法。

（4）精度检定试验

相似材料模型监测试验借用山东建筑大学于承新教授团队数字摄影监测设备。该设备经过畸变差校正后，最大测量误差为 0.28 pixel（0.40 mm），最小测量误差为 0.039 pixel（0.05 mm），中误差为 0.1 pixel（0.14 mm）。试验监测设备如图 4-6 所示，相机参数见表 4-1。该监测试验数码相机的摄影比例尺为 1.43 mm/pixel。

（a）左视图　　　　　　　　（b）正视图　　　　　　　　（c）右视图

图 4-6　试验监测设备

表 4-1　相机参数

相机类型	传感器	传感器尺寸/mm×mm	焦距/mm	有效像素/pixels
Sony DSLR A350	CCD	23.5×15.7	35（27～375）	4 592×3 056

为了验证基于等比数列修正的位移视差法在深部开采大尺寸相似材料模型位移监测中应用的可行性，本书进行了基于等比数列修正的位移视差法监测相似材料模型的探索试验。为了尽可能地提高测量精度，相机距离相似材料模型位置较近，每个相机监测相似材料模型的部分区域，采用多个相机同时监测。为便于最后影像监测数据的拼接，每个相机的监测范围存在一定的交叉区域。监测示意图如图 4-7 所示。

相似材料模拟监测试验具体过程如下：

① 将两台相机分别安置在相似材料模型左前方和右前方，距离相似材料模型的直线距离均约为 2.5 m，并进行整平、调焦和瞄准，如图 4-7（a）所示。

② 在模型开挖前，采用两台相机同时监测相似材料模型，拍摄多组像片，并选择其中质量最好的那组像片作为参考像片（零像片）。

③ 模型每次开挖后，采用两台相机同时监测相似材料模型，拍摄多组像片，并选择质量最好的那组像片作为后继像片，共计 15 张后继像片。

（a）监测现场

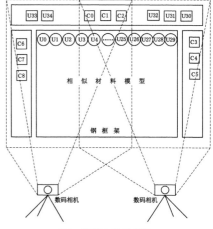

（b）监测方法示意图

图 4-7　监测示意图

为了检定基于等比数列修正的位移视差法的测量精度,本书提取了相关数据进行精度分析。如果不存在测量误差,监测得到布设在钢架上的参考点的位移为零。然而,采用基于等比数列修正的位移视差法监测参考点位移时,它们的相对变形值不为零。那么,监测得到的参考点相对变形值就可以看成基于等比数列修正的位移视差法的测量精度。

本书选择了左侧像片上的参考点 C42、C43 和右侧像片上的参考点 C19、C20、C21 进行精度检定。检定结果见表 4-2。表中数值为各参考点在 Z 方向的位移,负号代表向上移动,正号代表向下移动。由表 4-2 可知,模型左侧和右侧监测的测量精度分别是 0.57 pixel(0.43 mm) 和 0.69 pixel(0.52 mm)。根据结果可知,本次试验的测量精度达到了亚毫米级,说明基于等比数列修正的位移视差法能够满足大尺寸相似材料模型位移监测的精度要求。

表 4-2　检核点位移观测值和测量精度　　　　单位:pixel

像片号	Z 方向位移				
	C42	C43	C19	C20	C21
Photo1	−0.64	−0.33	1.32	1.29	1.07
Photo2	−0.55	−0.16	0.45	0.91	0.45
Photo3	−0.88	−0.21	0.67	1.03	−0.08
Photo4	−0.25	0.96	0.31	0.01	0.81
Photo5	−0.44	0.12	0.53	0.53	0.97
Photo6	−0.35	−0.92	1.27	0.69	−0.12
Photo7	−0.48	−0.88	0.76	0.49	0.21
Photo8	−0.33	0.72	0.05	1.11	0.03
Photo9	−1.00	−0.91	0.16	0.67	−0.13

表 4-2(续)

像片号	Z 方向位移				
	C42	C43	C19	C20	C21
Photo10	0.25	0.27	0.67	−0.16	−0.47
Photo11	−0.77	−0.77	1.19	0.44	0.24
Photo12	−0.32	0.27	0.33	0.37	0.19
Photo13	−0.53	0.37	1.19	0.79	0.33
Photo14	−0.56	−0.28	0.55	0.09	0.27
Photo15	−0.57	0.03	0.76	1.03	0.56
测量精度	±0.57		±0.69		

经过左右像片的数据拼接后,得到如图 4-8 所示的直接顶下沉曲线。经与实际开采情况对比可知,直接顶下沉基本符合相应采动程度条件下的下沉规律。

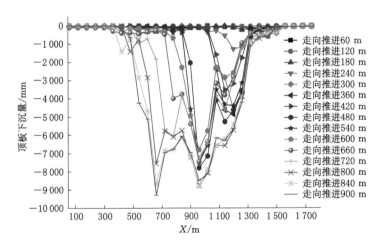

图 4-8　直接顶下沉曲线

同时,基于等比数列修正的位移视差法克服了传统位移视差法要求摄影方向与被监测物体垂直的局限性,使在野外不利条件下监测大尺寸结构整体瞬间动态变形监测成为可能,并在水闸整体瞬间动态变形监测、桥梁整体动态变形监测等试验中得到了验证[150-152]。

4.3　相似材料质量配比的确定

根据营盘壕井田综合柱状图,将地层简化,并利用相应岩层的真实力学参数值推算出本次物理模拟试验相似比条件下的模型力学参数值,详见表 4-3。

表 4-3　地质原型与模型对应的岩层力学参数值对照表

岩性	原型			模型			
	层厚 /m	容重 /(kN/m³)	抗压强度 /MPa	层厚 /mm	重力密度 /(kN/m³)	重力密度 相似常数	抗压强度 /MPa
第四系	86	18.57	9.87	215	15	0.81	0.019 9
砂质泥岩 5	27	20.11	5.77	67.5	15	0.75	0.010 8
志丹群砂岩	300	22.20	14.44	750	15	0.68	0.024 4
粗砂岩	14	24.00	24.70	35	15	0.63	0.038 6
砂质泥岩 4	22	25.12	32.93	55	15	0.60	0.049 2
安定组砂岩	40	22.72	27.42	100	15	0.66	0.045 3
安定-直罗组砂岩	50	24.05	30.15	125	15	0.62	0.047 0
直罗组砂岩	120	24.57	32.43	300	15	0.61	0.049 5
砂质泥岩 3	23	24.64	30.29	57.5	15	0.61	0.046 1
中砂岩 1	10	22.72	31.43	25	15	0.66	0.051 9
砂质泥岩 2	33	24.81	38.33	82.5	15	0.60	0.057 9
煤层	6	12.67	11.44	15	15	1.18	0.033 9
砂质泥岩 1	32	24.09	41.45	80	15	0.62	0.064 5

　　确定模型各岩层力学参数值后,选择云母粉、碳酸钙、石膏作为相似材料,进行试件制作,如图 4-9 (a)、(b)、(c)所示。待试块干燥后,进行抗压试验,如图 4-9 (d)、(e)、(f)所示。根据抗压试验的结果,并结合相关文献,确定与模型中各岩层抗压强度相近的质量配比作为相似材料模型骨料与胶结物的最终质量配比,详见表 4-4。

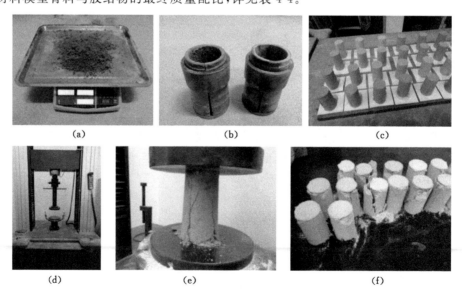

图 4-9　试块制作及抗压试验

表 4-4　相似材料模型材料质量配比

岩性	砂：云母粉：胶结物：锯末	胶结物成分质量配比（石膏：碳酸钙）	兑水比例
表土层	90：0：6：4	0：0	10%
砂质泥岩 5	92：0：4：4	0：0	10%
志丹群砂岩	80：19：1：0	5：5	10%
粗砂岩	80：17：3：0	3：7	10%
砂质泥岩 4	80：18：2：0	5：5	10%
安定组砂岩	73：23：4：0	3：7	10%
安定-直罗组砂岩	80：18：2：0	5：5	10%
直罗组砂岩	80：18：2：0	5：5	10%
砂质泥岩 3	73：23：4：0	3：7	10%
中砂岩 1	80：18：2：0	7：3	10%
砂质泥岩 2	80：17：3：0	5：5	10%
煤层	80：17：3：0	3：7	10%
砂质泥岩 1	73：23：4：0	5：5	10%

4.4　相似材料模型试验设计

按照 4.1 节的研究思路,本书铺设了两台相似材料模型,试验设计如下所述。

（1）基础模型

基础模型几何相似比为 1：400,容重相似比为 1：1.5,时间相似比为 1：20。模型中包含安定组砂岩、安定-直罗组砂岩和直罗组砂岩等弱胶结砂岩等,具体如图 4-10 所示。

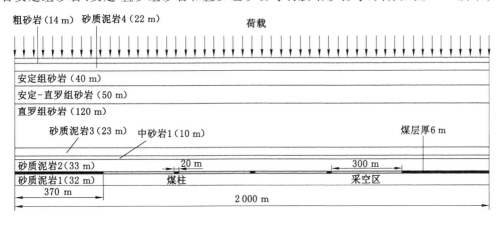

图 4-10　相似材料基础模型岩层设计示意图（括号内的数据为岩层厚度）

为使煤层上覆弱胶结岩层充分下沉,拟模拟开采 2201、2202、2203、2204 工作面,单个工作面开采宽度为 300 m,相邻工作面区段煤柱宽 20 m,开采宽度共计 1 260 m。模型尺寸为

5 m×0.3 m（长×宽），未模拟岩层的荷载相当于在模型顶部施加均布荷载 15 kPa（3 层铁块）。每个铁块重 10 kg，长 20 cm，宽 10 cm，高 10 cm。为真实模拟直罗组厚层砂岩岩石颗粒致密性较高且无大型层理和节理发育的特点，在铺设过程中不在直罗组厚层砂岩岩层内部添加云母片。

相似材料基础模型共布设 10 条静态观测线，如图 4-11 所示。考虑到志丹群厚层砂岩结构的控制作用，开采第 1 个工作面和第 2 个工作面时，只在采空区上方模型顶部加载均布荷载 5 kPa（相当于 1 层铁块）；开采第 3 个工作面时，在采空区上方模型顶部加载均布荷载 10 kPa（相当于 2 层铁块）；开采第 4 个工作面时，在采空区上方模型顶部加载均布荷载 15 kPa（相当于 3 层铁块）。

图 4-11　相似材料基础模型观测线布设示意图

营盘壕煤矿 2201 工作面实际推进速度为 13.8 m/d，根据相似材料模型时间相似比计算，相似材料基础模型每 5 h 开挖 15 cm（相当于实地 60 m）。参照相应文献[153]调整相机参数，每次开挖前进行监测，及时记录上覆岩层破坏特征。

（2）叠合模型

相似材料叠合模型几何相似比为 1∶500，容重相似比为 1∶1.5，时间相似比为 1∶22.36。模型中包含砂质泥岩 4、粗砂岩和志丹群砂岩，如图 4-12 绿色区域所示。

图 4-13 为相似材料叠合模型观测线布设示意图。相似材料叠合模型尺寸为 3 m×0.3 m（长×宽），未模拟岩层的荷载相当于在模型顶部施加均布荷载 5 kPa。为真实模拟巨厚志丹群砂岩胶结物与岩石颗粒成分几乎一致且无大型层理和节理发育的特点，在铺设过程中不在志丹群砂岩岩层内部添加云母片。

相似材料叠合模型共布设 7 条静态观测线（观测线 X~XVI）和 3 条动态观测线（观测线 1~3）。相似材料基础模型中观测线 X 与叠合模型中观测线 X 可视为同一条观测线，用以检验基础模型顶部岩层与叠合模型底部岩层移动变形是否保持一致。

为便于描述，将 2201 工作面和 2202 工作面之间的区段煤柱称作煤柱 1，将 2202 工作面和 2203 工作面之间的区段煤柱称作煤柱 2，将 2203 工作面和 2204 工作面之间的区段煤柱称作煤柱 3。

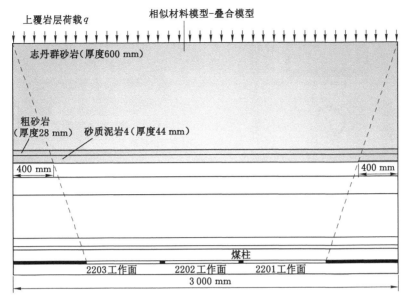

图 4-12　相似材料叠合模型岩层设计示意图

图 4-13　相似材料叠合模型观测线布设示意图

4.5　相似材料模型监测

　　本次试验采用单双目近景摄影测量技术联合监测相似材料模型,即采用西安交通大学数字近景工业摄影测量系统(XJTUDP)和基于等比数列修正位移视差法的单目视觉近景摄影测量系统(JDPM-MDP)进行联合监测。XJTUDP 测量系统硬件部分包括编码点、非编码点、数码相机和基线尺等,软件部分是配套的观测点识别与数据处理软件,测量精度达到0.064 mm[154]。XJTUDP 测量系统监测原理及软硬件如图 4-14(a)、(b)所示。JDPM-MDP测量系统监测示意图如图 4-14(c)、(d)所示。

　　由于相似材料基础模型尺寸较大,XJTUDP 测量系统数据处理速度较慢,且重要的标志点经常无法识别,JDPM-MDP 测量系统可以监测任意点,能够弥补 XJTUDP 测量系统的不足。因此,采用 JDPM-MDP 测量系统和 XJTUDP 测量系统联合监测相似材料基础模型,可在高精度监测相似材料基础模型的基础上,确保模型上所有变形标志点都能够进行有效监测。相似材料基础模型监测试验具体过程如下所述。

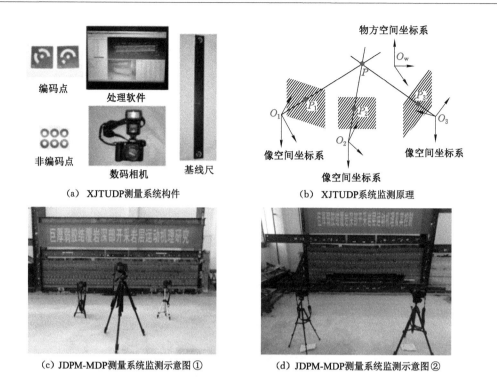

（a）XJTUDP测量系统构件　　　　　　（b）XJTUDP系统监测原理

（c）JDPM-MDP测量系统监测示意图①　　　　（d）JDPM-MDP测量系统监测示意图②

图 4-14　单双目近景摄影测量技术联合监测相似材料模型示意图

① 将 3 台相机分别安置在相似材料基础模型左前方、正前方和右前方,距离相似材料基础模型的直线距离均约 2.5 m,并进行整平、调焦和瞄准,如图 4-14(c)所示。

② 在基础模型开挖前,采用 3 台相机同时监测相似材料基础模型,拍摄多组像片,并选择质量最高的那组像片作为参考像片(零像片)。同时,采用 XJTUDP 测量系统监测相似材料基础模型,获得相应的原始像片。

③ 基础模型每次开挖后,采用 3 台相机同时监测相似材料基础模型,拍摄多组静态监测像片,并选择质量最高的那组静态监测像片作为后继像片,共计 17 组后继像片。同时,基础模型每次开挖后,采用 XJTUDP 测量系统监测相似材料基础模型,获得相应开采后基础模型静态监测像片。

相似材料叠合模型中含有单层巨厚志丹群砂岩,其采动响应过程为本书的研究重点。因此,采用 JDPM-MDP 测量系统和 XJTUDP 测量系统联合监测其动态变形规律和高精度静态变形值。相似材料叠合模型监测试验具体过程如下:

① 将 2 台相机分别安置在相似材料叠合模型左前方和右前方,距离相似材料叠合模型的直线距离均约 2 m,并进行整平、调焦和瞄准,如图 4-14(d)所示。

② 在叠合模型受采动影响前,采用 2 台相机同时监测相似材料模型,拍摄多组像片,并选择质量最高的那组像片作为参考像片(零像片)。同时,采用 XJTUDP 测量系统监测相似材料叠合模型,获得相应的原始像片。

③ 叠合模型每次开挖后,每隔 20 min 采用 2 台相机同时监测相似材料叠合模型,获得多组动态监测像片,选择质量高的像片作为后继像片。同时,叠合模型每次开挖后,采用 XJTUDP 测量系统监测相似材料叠合模型,获得相应开采后模型静态监测像片。

4.6 相似材料模型岩层运动规律及破坏特征分析

在相似模拟试验过程中,及时记录、观测覆岩的移动、破坏、垮落及离层变化情况,并利用 JDPM-MDP 测量系统和 XJTUDP 测量系统联合监测相似材料基础模型,记录其运动规律,试验结果见下文。

4.6.1 测量精度分析

为了验证基于等比数列修正的位移视差法在大尺寸相似材料模型整体位移动态监测中应用的可行性,提取了相关数据进行精度分析。由 4.2 节可知,参考点的相对变形值就可以看成相应参考点的监测精度,则试验监测精度计算公式可表示为:

$$m = \sqrt{\frac{[vv]}{n}} \tag{4-17}$$

式中　m——测量中误差;

　　　　v——位移观测值;

　　　　n——观测次数。

为了检定本试验的测量精度,选择了基础模型左侧像片上参考点 C13、C14、C15、C33、C34、C35 和右侧像片上参考点 C13、C14、C15、C33、C34、C35。根据式(4-17)计算出叠合式相似材料模型每次监测的测量中误差,结果见表 4-5。表中 v 表示该点在 Z 方向的位移,其中负数代表向上移动,正数代表向下移动。由表 4-5 可知,叠合式相似材料模拟试验左侧和右侧监测的测量中误差分别是 0.46 mm 和 0.48 mm。根据结果可知,本次试验的测量精度达到了亚毫米级,说明基于等比数列修正的位移视差法监测大尺寸相似材料模型整体动态变形所得结果是可靠的。

表 4-5　基础模型检核点位移观测值及测量中误差　　　　单位:mm

| 像片号 | v | | | | | |
	C13	C14	C15	C33	C34	C35
P1	0.40	−0.23	0.10	−0.42	0.25	−0.88
P2	−0.60	0.05	−0.20	−0.91	0.20	−0.54
P3	−0.52	−0.24	0.10	−0.11	0.54	0.24
P4	−0.57	0.52	0.52	0.85	0.47	0.18
P5	−0.75	−0.10	0.22	−0.55	0.61	−0.20
P6	−0.26	−0.35	0.32	−0.07	−0.09	0.70
P7	−0.20	−0.54	−0.21	−0.09	−0.64	−0.24
P8	−0.40	−0.29	−0.31	−0.97	−0.26	−0.54
P9	0.56	0.56	0.31	−0.67	0.13	0.01
P10	−0.58	−0.38	−0.40	0.85	0.65	0.37
P11	0.08	0.71	0.13	0.27	0.33	0.52
P12	−0.49	−0.13	−0.48	0.41	0.88	−0.69
测量中误差	±0.46					

左侧像片（表示左侧行组标识）

表 4-5(续)

| 像片号 | v | | | | | |
	C13	C14	C15	C33	C34	C35
右侧像片 P13	0.40	−0.3	−0.15	0.26	0.09	−0.15
P14	0.71	0.47	0.94	0.74	0.22	0.59
P15	0.29	0.40	0.29	0.63	0.70	0.69
P16	0.50	0.23	−0.10	0.47	0.78	0.08
P17	−0.82	−0.54	−0.20	0.00	−0.34	0.35
测量中误差	±0.48					

4.6.2 基础模型上覆岩层破坏特征及运动规律分析

图 4-15 为 2201 工作面面长分别为 120 m、180 m、240 m 和 300 m 时,相似材料模型覆岩破坏示意图。由图可知,当 2201 工作面面长为 120 m 时,煤层直接顶突然垮落,垮落带高度约 33 m,离层发育至煤层以上 43 m,呈"月牙"形;当 2201 工作面面长为 180 m 时,离层空间的层位高度由煤层以上 43 m 发育至 66 m(直罗组厚层砂岩底部),离层发育范围由 86 m 发育至 120 m,离层形状由"月牙"形逐渐变为"瓢"形;当 2201 工作面面长为 240 m 时,离层停止向上发育,离层范围继续扩大至 200 m,离层形状变为"舟"形,这说明直罗组厚层砂岩阻碍了岩层移动向上传递,有一定的控制作用;当 2201 工作面面长为 300 m 时,覆岩破坏高度发育至煤层以上 112 m,裂缝发育宽度达 140 m,煤层以上 43 m 处离层缩小,局部区域有闭合现象发生,离层形状变为"眼镜"形。另外,破断块体最大尺寸为长 120 m,厚 33 m,如图 4-15(a)所示。

实测研究表明,当 2201 工作面面长为 300 m,推进长度为 1 800 m 时,覆岩破环高度约 115 m。相似材料模拟试验结果与实测结果较为吻合,说明了在试验中通过降低模型顶部荷载来模拟志丹群厚层砂岩结构控制作用是合理的,也说明志丹群厚层砂岩结构确实有较强的控制作用,阻碍了其上覆岩层荷载向下传递。

2202 工作面开采时上覆岩层的破坏特征如图 4-16 所示。由图 4-16(a)可知,当 2202 工作面面长为 120 m 时,直接顶发生破坏,离层发育至煤层以上 43 m。受重复采动的影响,上覆岩层略微向下移动,移动范围继续扩大。此时,区段煤柱 1 与直罗组厚层砂岩形成了局部支撑结构,直罗组厚层砂岩-志丹群巨厚砂岩岩层荷载向 2202 工作面采空区两侧转移,同时区段煤柱 1 填充了部分下沉空间,阻碍了志丹群砂岩及其上覆岩层向下运动,导致区段煤柱 1 处应力集中,有轻微压入底板的现象发生。随着上覆岩层向下移动,2201 工作面上方标记"裂缝"处的裂缝高度变小。

由图 4-16(b)可知,当 2202 工作面面长为 180 m 时,覆岩破坏高度发育至直罗组厚层砂岩底部。直罗组厚层砂岩-志丹群巨厚砂岩岩层荷载继续向 2202 工作面采空区两侧转移,志丹群砂岩及其上覆岩层继续向下运动,区段煤柱 1 处应力集中程度加剧。

由图 4-16(c)可知,当 2202 工作面面长为 240 m 时,离层闭合,裂缝带发育至煤层以上 130 m 处,煤层以上 186 m 处(直罗组砂岩与安定-直罗组砂岩交界处)有轻微裂缝发育。破断块体厚 33 m,长约 60 m。此时,区段煤柱 1 与直罗组厚层砂岩形成的局部支撑结构发生破坏,区段煤柱 1 受到来自直罗组厚层砂岩-志丹群巨厚砂岩的岩层荷载减小,但是受志丹

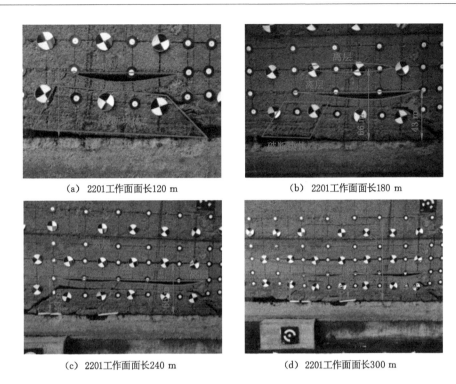

（a）2201工作面面长120 m　　　　（b）2201工作面面长180 m

（c）2201工作面面长240 m　　　　（d）2201工作面面长300 m

图 4-15　2201 工作面开采上覆岩层破坏特征

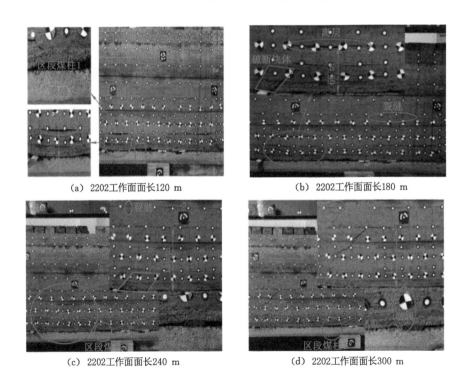

（a）2202工作面面长120 m　　　　（b）2202工作面面长180 m

（c）2202工作面面长240 m　　　　（d）2202工作面面长300 m

图 4-16　2202 工作面开采时上覆岩层破坏特征

群巨厚砂岩及其上覆岩层继续下沉的影响,区段煤柱1处应力集中程度进一步加剧,继续被压入底板岩层。

由图4-16(d)可知,当2202工作面面长为300 m时,煤层以上186 m处(直罗组砂岩与安定-直罗组砂岩交界处)裂缝继续发育。破断块体厚约33 m,长约40 m。此时,志丹群巨厚砂岩发生首次剧烈拉伸破坏,志丹群巨厚砂岩及其上覆岩层发生明显的整体移动,产生大面积来压,区段煤柱1处应力高度集中,继续被压入底板岩层,并且2202工作面老顶岩层沿区段煤柱1外侧发生切顶现象。

2203工作面开采时上覆岩层破坏特征如图4-17所示。由图4-17(a)可知,当2203工作面面长为120 m时,直接顶发生破坏,离层发育至煤层以上43 m。此时,志丹群巨厚砂岩破坏形成的次生平衡结构(铰支梁或铰支拱)再次发生破坏,上覆岩层向下移动,2202工作面上方标记"裂缝"处的裂缝稍有闭合。

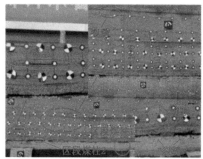

(a) 2203工作面面长120 m

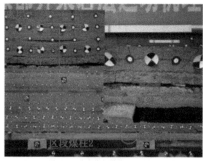

(b) 2203工作面面长180 m

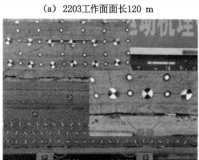

(c) 2203工作面面长240 m

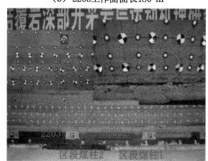

(d) 2203工作面面长300 m

图4-17 2203工作面开采时上覆岩层破坏特征

由图4-17(b)可知,当2203工作面面长为180 m时,离层发育至煤层以上66 m,煤层以上43 m处裂缝略有闭合。此时,区段煤柱2与直罗组砂岩形成局部支撑结构,直罗组厚层砂岩及其上覆岩层荷载向2203工作面采空区两侧转移,同时区段煤柱2填充了部分下沉空间,阻碍了志丹群砂岩及其上覆岩层向下运动,导致区段煤柱2处应力集中,有轻微压入底板的现象发生。

由图4-17(c)可知,当2203工作面面长为240 m时,离层发育至煤层以上66 m,并停止向上发育,离层发育范围扩大至140 m。破断块体厚23 m,长约120 m。此时,志丹群巨厚砂岩破坏后形成二次支撑结构,志丹群巨厚砂岩及其上覆岩层继续下沉,区段煤柱2处应力集中程度进一步加剧,继续被压入底板岩层。

由图 4-17(d)可知,当 2203 工作面面长为 300 m 时,煤层以上 135 m 处有裂缝发育,上覆岩层继续向下移动,直罗组砂岩下部离层闭合。此时,区段煤柱 1 与直罗组厚层砂岩形成的局部支撑结构发生破坏,区段煤柱 2 受到来自从直罗组厚层砂岩-志丹群巨厚砂岩的岩层荷载减小。但是,志丹群巨厚砂岩首次破坏形成的二次支撑结构失稳,来压严重,区段煤柱 2 进一步被压入底板岩层,并有轻微切顶现象发生。

2204 工作面开采时上覆岩层破坏特征及运动规律如图 4-18 所示。由图 4-18(a)可知,当 2204 工作面面长为 120 m 时,直接顶发生破坏,离层发育至煤层以上 43 m。此时,区段煤柱 1 与直罗组厚层砂岩、志丹群巨厚砂岩形成局部支撑结构,直罗组厚层砂岩及上覆岩层荷载向 2204 工作面采空区两侧转移,导致区段煤柱 3 处应力集中,有轻微压入底板的现象发生。同时,受重复采动的影响,上覆岩层破裂岩体活化,2202 工作面切顶现象加剧。

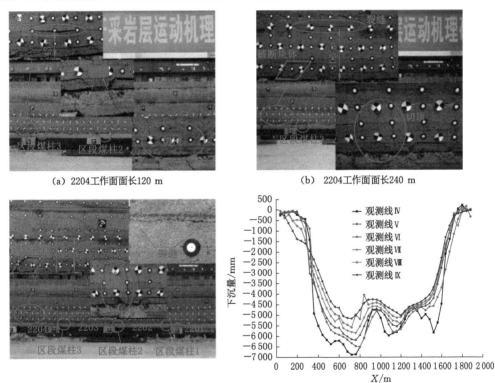

(a) 2204工作面面长120 m　　　　(b) 2204工作面面长240 m

(c) 2204工作面面长300 m　　　　(d) 2204工作面面长300 m

图 4-18　2204 工作面开采时上覆岩层破坏特征及运动规律

由图 4-18(b)可知,当 2204 工作面面长为 240 m 时,离层闭合,裂缝带发育至煤层以上 106 m。此时,区段煤柱 3 与直罗组厚层砂岩形成的局部支撑结构发生破坏,区段煤柱 3 受到来自直罗组厚层砂岩-志丹群巨厚砂岩的岩层荷载减小。但是,区段煤柱 3 与志丹群巨厚砂岩形成的局部支撑结构未发生破坏,由于 2204 工作面采空区较大,区段煤柱 3 受到的志丹群砂岩及其上覆岩层转移荷载急剧增大,区段煤柱 3 进一步被压入底板岩层,并且 2204 工作面沿区段煤柱 3 外侧发生切顶现象。

由图 4-18(c)可知,当 2204 工作面面长为 300 m 时,覆岩破坏范围继续扩大,覆岩破坏高度发育至煤层以上 186 m。受重复采动的影响,上覆岩层继续向下移动,移动范围继续扩大。由于上覆岩层向下移动,区段煤柱受力继续增大,区段煤柱 3 继续被压入底板,其下方底板岩层被压出。

由图 4-18(d)可知,区段煤柱在采空区的位置不同,被压入底板的程度不同。区段煤柱 1 被压入底板现象最严重,其次为区段煤柱 2,最后为区段煤柱 3。由于区段煤柱的存在,煤层以上一定高度岩层下沉曲线呈"w"形。

综上所述,巨厚弱胶结覆岩直接顶初次破断距达到了 120 m,周期破断距约 60 m,远大于东部矿区石炭-二叠系煤层中硬覆岩的初次来压步距和周期来压步距。上覆岩层垮落带高度约为 66 m,导水裂缝带高度约为 112 m。巨厚弱胶结覆岩深部开采岩体破断尺度较大,常有底鼓及工作面切顶现象发生,覆岩中志丹群巨厚砂岩和直罗组厚层砂岩对上覆岩层移动有明显的控制作用。

4.6.3 相似材料叠合模型巨厚志丹群砂岩运动过程分析

为分析巨厚志丹群砂岩时空演化规律,本小节分别根据 JDPM-MDP 测量系统和 XJTUDP 测量系统监测结果,绘制巨厚志丹群砂岩静态和动态移动变形曲线图。

(1)巨厚志丹群砂岩静态移动变形规律分析

巨厚志丹群砂岩整体静态下沉曲线如图 4-19 所示。由图 4-19(a)可知,当 2201 工作面面长为 300 m 时,志丹群砂岩基岩面下沉 391 mm,比地表实测下沉量略微偏大,观测线 Ⅺ~ⅩⅥ 最大下沉量几乎一致。此时,志丹群砂岩未发生破坏,而是发生了整体弹性弯曲变形。

由图 4-19(b)可知,当 2202 工作面面长为 120m 时,志丹群砂岩基岩面下沉 541 mm,基岩面下沉量增加 150 mm。相较于观测线 ⅩⅡ~ⅩⅥ,观测线 Ⅺ 和 Ⅹ 的最大下沉量明显增大。此时,虽然志丹群砂岩底部发生轻微破坏,但是仍然能承载上覆岩层荷载,志丹群砂岩未破坏部分发生整体弹性弯曲变形。

由图 4-19(c)可知,当 2202 工作面面长为 180 m 时,志丹群砂岩基岩面下沉 1 066 mm,基岩面下沉量增加 525 mm。相较于观测线 ⅩⅡ~ⅩⅥ,观测线 Ⅺ 和 Ⅹ 的最大下沉量明显偏大。此时,志丹群砂岩底部发生轻微破坏,志丹群砂岩未破坏部分仍然能承载上覆岩层荷载,发生整体弯曲变形。

由图 4-19(d)可知,当 2202 工作面面长为 240 m 时,志丹群砂岩基岩面下沉 1 422 mm,基岩面下沉量增加 356 mm。相较于观测线 ⅩⅡ~ⅩⅥ,观测线 Ⅺ 和 Ⅹ 的最大下沉量明显偏大。此时,志丹群砂岩底部发生轻微破坏,志丹群砂岩未破坏部分仍然能承载上覆岩层荷载,发生整体弯曲变形。

由图 4-19(e)可知,当 2202 工作面面长为 300 m 时,志丹群砂岩基岩面下沉 1 734 mm,基岩面下沉量增加 312 mm,观测线 Ⅺ~ⅩⅥ 最大下沉量比较接近。此时,志丹群砂岩首次发生剧烈拉伸破坏,但是并没有发生剧烈的断裂式下沉。这是因为志丹群砂岩发生破坏后,形成了新的次生支撑结构,仍然能承载上覆岩层荷载。

由图 4-19(f)可知,当 2203 工作面面长为 120 m 时,志丹群砂岩基岩面下沉 2 206 mm,基岩面下沉量增加 472 mm。观测线发生了分离,观测线 Ⅹ~Ⅺ 的最大下沉量比较接近,观测线 ⅩⅡ~ⅩⅢ 的最大下沉量比较接近,观测线 ⅩⅣ~ⅩⅥ 的最大下沉量比较接近。此时,受重复采动的影响,志丹群砂岩破坏形成的次生支撑结构再次发生破坏,上覆岩层发生不同程度的下沉。

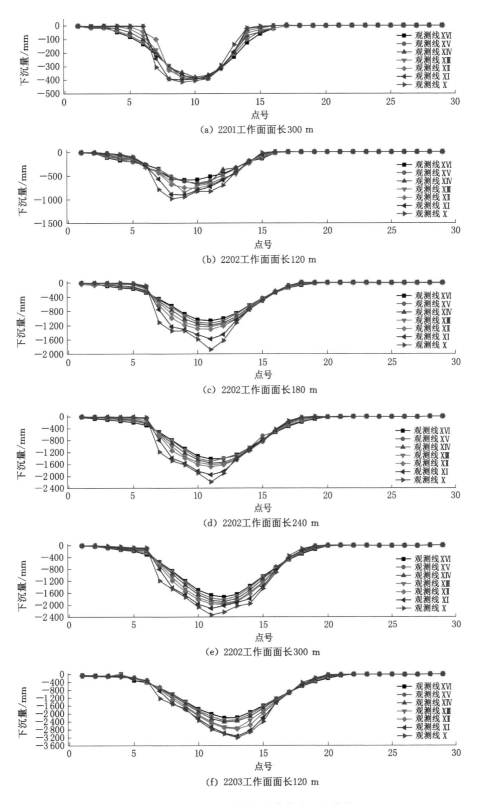

(a) 2201工作面面长300 m

(b) 2202工作面面长120 m

(c) 2202工作面面长180 m

(d) 2202工作面面长240 m

(e) 2202工作面面长300 m

(f) 2203工作面面长120 m

图 4-19　巨厚志丹群砂岩整体静态下沉曲线

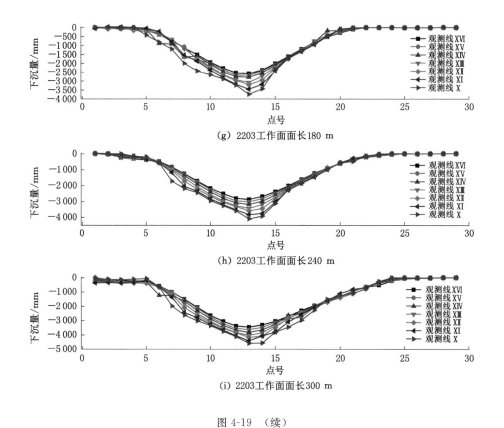

（g）2203工作面面长180 m

（h）2203工作面面长240 m

（i）2203工作面面长300 m

图 4-19　（续）

由图 4-19(g)可知,当 2203 工作面面长为 180 m 时,志丹群砂岩基岩面下沉 2 578 mm,基岩面下沉量增加 372 mm。观测线分离程度增大,观测线 Ⅹ～ⅩⅢ 的最大下沉量依次减小,观测线 ⅩⅣ～ⅩⅥ 的最大下沉量比较接近。此时,志丹群砂岩破裂岩体逐渐形成新的支撑结构,上覆岩层下沉剧烈程度稍有降低。

由图 4-19(h)可知,当 2203 工作面面长为 240 m 时,志丹群砂岩基岩面下沉 2 872 mm,基岩面下沉量增加 294 mm。观测线 Ⅹ～ⅩⅥ 的最大下沉量逐渐减小。此时,志丹群砂岩破裂岩体形成新的二次支撑结构,承载上覆岩层荷载,上覆岩层下沉剧烈程度进一步降低。

由图 4-19(i)可知,当 2203 工作面面长为 300 m 时,志丹群砂岩基岩面下沉 3 458 mm,基岩面下沉量增加 586 mm。观测线 Ⅹ～ⅩⅥ 的最大下沉量比较接近。此时,志丹群砂岩破裂岩体形成的二次支撑结构失稳,上覆岩层发生整体剧烈下沉。

为进一步直观地分析巨厚志丹群砂岩下沉时空演化规律,绘制了基岩面下沉时空演化变形曲线图,如图 4-20 所示。由图 4-20 可知,当工作面面长为 300 m 时,连续两个工作面开采时,下沉量增加 1 243 mm,增大幅度达 317.9%。连续 3 个工作面开采时,下沉量增加 1 724 mm,增大幅度达 99.4%。由此可知,巨厚弱胶结覆岩深部多工作面开采时地表下沉量呈跳跃式增大。

为进一步直观地分析巨厚志丹群砂岩不同埋深下下沉量时空演化规律,统计了巨厚志丹群砂岩不同埋深下的下沉系数,并绘制了相应的关系曲线,如表 4-6 和图 4-21、图 4-22 所示。表 4-6 中宽深比 $D/H=1.49$ 和 $D/H=1.65$ 的两列数据分别为当 2204 工作面面长为

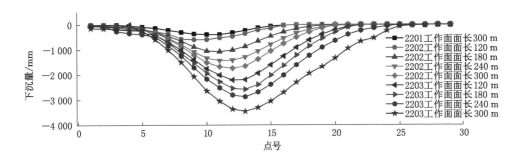

图 4-20　巨厚志丹群砂岩基岩面时空演化变形曲线

120 m 和 240 m 时监测得到的数据。

表 4-6　巨厚志丹群砂岩不同埋深移动参数

	D/H	0.41	0.69	0.77	0.86	1.05	1.13	1.21	1.3	1.49	1.65
观测线 XVI	W_{max}/mm	391	1 066	1 422	1 734	2 206	2 578	2 872	3 458	3 905	4 802
	q	0.11	0.24	0.30	0.35	0.40	0.45	0.49	0.58	0.65	0.80
观测线 XV	W_{max}/mm	388	1 145	1 504	1 827	2 330	2 698	3 033	3 645	4 121	4 953
	q	0.11	0.26	0.32	0.37	0.42	0.47	0.51	0.61	0.69	0.83
观测线 XIV	W_{max}/mm	380	1 195	1 558	1 885	2 400	2 801	3 197	3 827	4 351	5 077
	q	0.11	0.27	0.33	0.38	0.44	0.49	0.54	0.64	0.73	0.85
观测线 XIII	W_{max}/mm	397	1 239	1 612	1 943	2 709	3 096	3 443	4 049	4 585	5 327
	q	0.12	0.28	0.34	0.39	0.49	0.54	0.58	0.67	0.76	0.89
观测线 XII	W_{max}/mm	392	1 306	1 680	1 975	2 767	3 206	3 581	4 176	4 730	5 453
	q	0.11	0.29	0.36	0.40	0.50	0.56	0.61	0.70	0.79	0.91
观测线 XI	W_{max}/mm	400	1 577	1 949	2 113	3 115	3 471	3 852	4 422	5 040	5 303
	q	0.12	0.35	0.41	0.42	0.57	0.61	0.65	0.74	0.84	0.88

由图 4-21(a)、(b)、(c)可知,观测线 XVI～XIV 随采动程度的增大,相应下沉系数逐渐增大,下沉系数变化速率逐渐增大。观测线 XVI～XIV 不同采动程度条件下下沉系数变化范围分别为 0.11～0.80、0.11～0.83 和 0.11～0.85。采动程度与下沉系数呈抛物线二次多项式函数关系(开口向上),对应相关系数 R^2 分别为 0.987、0.988 和 0.990。

由图 4-21(d)、(e)可知,观测线 XIII、XII 随采动程度的增大,相应下沉系数逐渐增大,下沉系数变化速率几乎不变。观测线 XIII、XII 不同采动程度条件下下沉系数变化范围分别为 0.12～0.89 和 0.11～0.91。采动程度与下沉系数呈线性函数关系,对应相关系数 R^2 分别为 0.996 和 0.997。

由图 4-21(f)可知,观测线 XI 随采动程度的增大,相应下沉系数逐渐增大,下沉系数变化速率逐渐减小。观测线 XI 不同采动程度条件下沉系数变化范围为 0.12～0.88。采动程度与下沉系数呈抛物线二次多项式函数关系(开口向下),对应相关系数 R^2 为 0.992。

由图 4-22 可知,当宽深比为 0.41 时,随着埋深的增大,相应下沉系数基本不变。此时,

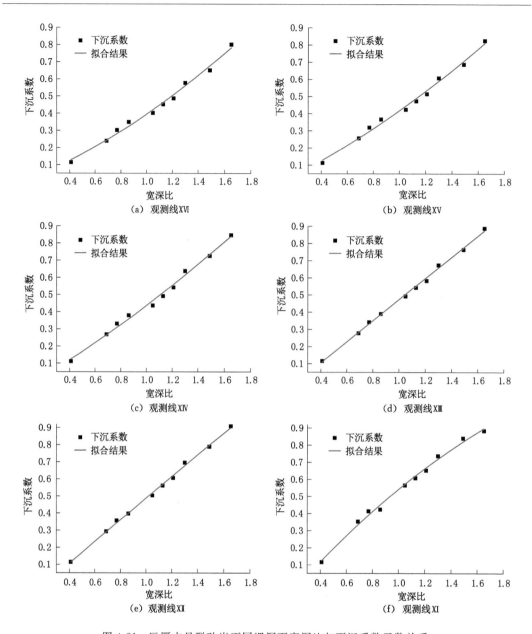

图 4-21　巨厚志丹群砂岩不同埋深下宽深比与下沉系数函数关系

由于开采范围较小,巨厚志丹群砂岩呈现极不充分采动的特征,发生整体弹性弯曲变形。

当 0.41<宽深比<1.65 时,同等采动程度条件下,随着埋深的增大,相应下沉系数逐渐增大。此时,巨厚志丹群砂岩没有达到充分采动,其下沉仍处于活跃阶段。

当宽深比为 1.65 时,随着埋深的增大,相应下沉系数先增大后减小。此时,巨厚志丹群砂岩底部岩层下沉系数变化速率减小,巨厚志丹群砂岩下沉开始进入衰退阶段。

(2)巨厚志丹群砂岩动态移动变形规律分析

为深入分析巨厚志丹群砂岩运动规律与时间的相关性,深入了解其运动过程,本书根据 JDPM-MDP 动态监测系统测量结果,绘制了不同时间节点巨厚志丹群砂岩变形曲线,如

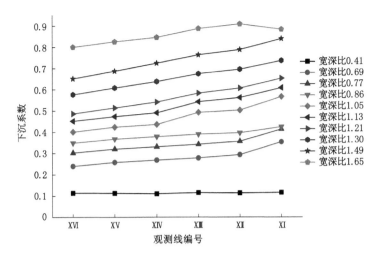

图 4-22　同等采动程度条件下巨厚志丹群砂岩埋深与下沉系数关系曲线

图 4-23 所示。由于数据量比较庞大,本书仅仅选取了每次模型采动后 10 min、60 min、120 min、180 min、240 min、300 min 的监测结果进行分析。在分析巨厚志丹群砂岩移动变形规律时,下沉值以像素(pixel)为单位进行描述,没有转化成空间实际位移。

由图 4-23(a)可知,当 2202 工作面面长为 180 m 时,模型开采后 60 min(实际 0.8 d),巨厚志丹群砂岩最大下沉量增加 0.67 pixel。模型开采后 120 min(实际 1.7 d)、180 min(实际 2.5 d)、240 min(实际 3.3 d)巨厚志丹群砂岩几乎没有继续下沉。模型开采后 300 min(实际 4 d),巨厚志丹群砂岩最大下沉量继续增加 1.00 pixel。

由图 4-23(b)可知,当 2202 工作面面长为 240 m 时,模型开采后,巨厚志丹群砂岩最大下沉量随即增加 0.84 pixel。模型开采后 60 min(实际 0.8 d)、120 min(实际 1.7 d),巨厚志丹群砂岩几乎没有继续下沉。模型开采后 180 min(实际 2.5 d),巨厚志丹群砂岩最大下沉量继续增加 1.05 pixel。模型开采后 240 min(实际 3.3 d),巨厚志丹群砂岩最大下沉量继续增加 1.16 pixel。模型开采后 300 min(实际 4 d),巨厚志丹群砂岩几乎没有继续下沉。

由图 4-23(c)、(d)、(e)、(f)、(g)可知,当巨厚志丹群砂岩发生首次剧烈拉伸破坏后,巨厚志丹群砂岩的运动过程与时间没有明显的相关性,呈现随时开采随时下沉的特征。

4.6.4　巨厚弱胶结覆岩深部开采上覆岩层破坏模式分析

为充分揭示巨厚弱胶结覆岩的破坏模式,本书以开采 2202 工作面时基础模型和叠合模型覆岩破坏特征为主要研究对象进行分析。

由图 4-24(a)可知,当 2202 工作面面长为 60 m 时,2202 工作面上方未出现岩层破断垮落现象。但是,由于煤层采出后,采空区上方形成卸压区,荷载向采空区两侧传递,从而形成局部小压力拱。由于 2202 工作面面长较小,2201 工作面上覆岩层中压力拱的高度和拱脚的位置基本未发生变化,形成局部"小-大"形双峰压力拱。

由图 4-24(b)可知,当 2202 工作面面长为 120 m 时,直接顶发生梁式破断,采空区上方压力拱向上发育,压力拱跨度增大。此时,2201 工作面上方压力拱稍微向上发育,拱脚的位置基本未发生变化。

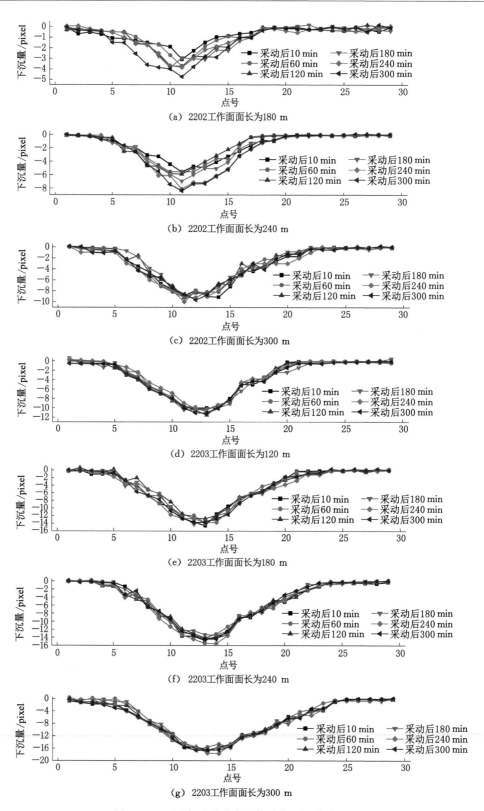

（a）2202工作面面长为180 m

（b）2202工作面面长为240 m

（c）2202工作面面长为300 m

（d）2203工作面面长为120 m

（e）2203工作面面长为180 m

（f）2203工作面面长为240 m

（g）2203工作面面长为300 m

图 4-23　巨厚志丹群砂岩整体动态下沉曲线

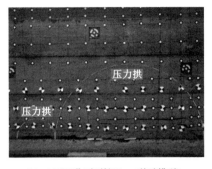

(a) 2202工作面面长60 m（基础模型）

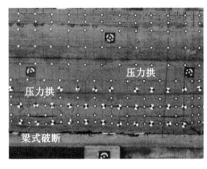

(b) 2202工作面面长120 m（基础模型）

(c) 2202工作面面长180 m（基础模型）

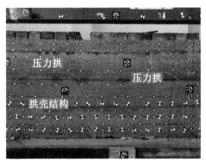

(d) 2202工作面面长240 m（基础模型）

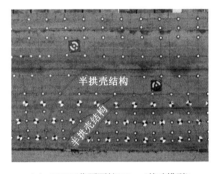

(e) 2202工作面面长300 m（基础模型）

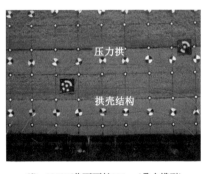

(f) 2202工作面面长180 m（叠合模型）

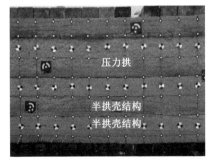

(g) 2202工作面面长300 m（叠合模型）

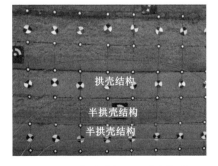

(h) 2203工作面面长120 m（叠合模型）

图 4-24 巨厚弱胶结覆岩破坏模式

由图4-24(c)可知,当2202工作面面长为180 m时,直接顶发生周期性破断,形成砌体梁结构,2202工作面采空区上方压力拱继续向上发育,压力拱跨度继续增大。此时,2201工作面上方形成的压力拱拱脚和拱高基本保持不变。由图4-24(f)可知,当2202工作面面长为180 m时,巨厚志丹群砂岩底部发生拱壳式破坏,2201工作面和2202工作面采空区上方、巨厚志丹群砂岩内部均有大压力拱形成。

由图4-24(d)可知,当2202工作面面长为240 m时,2202工作面采空区上方有双层拱形裂隙发育,形成"拱壳"结构;采空区上方压力拱继续向上发育,形成"大-大"形双峰压力拱。

由图4-24(e)、(g)可知,当2202工作面面长为300 m时($D/H≈0.85$),基础模型中双层拱形裂隙向前发育,形成"半拱壳"结构。在叠合模型中,覆岩破坏呈双层"半拱壳"结构,向前发育。此时,虽然志丹群砂岩在采空区两侧首次发生剧烈拉伸破坏,但是破坏后形成的次生结构仍然能支撑上覆岩层荷载。因此,在2201工作面和2202工作面正上方形成局部双峰压力拱的同时,2201工作面和2202工作面采空区上方、巨厚志丹群砂岩内部均有单峰大压力拱向上发育。

由图4-24(h)可知,当2203工作面面长为120 m时($D/H≈1.0$),志丹群砂岩因发生剧烈拉伸破坏形成的次生结构再次发生"拱壳式"破坏,2201工作面~2203工作面采空区上方、巨厚志丹群砂岩内部均有单峰大压力拱继续向上发育。

由基础模型覆岩破坏特征可知,巨厚弱胶结覆岩破坏模式由薄层弱胶结砂岩"梁"氏破坏和厚层弱胶结砂岩"拱壳"式破坏组成,形成了"梁-拱壳"组合破坏模式。由叠合模型覆岩破坏特征可知,单层巨厚弱胶结砂岩破坏模式随采动空间的不断扩大,逐渐由"拱壳"式破坏演化成"拱壳-梁"式破坏,最后发育成"拱壳-梁-拱壳"式组合破坏。

4.7 巨厚弱胶结覆岩深部开采岩层破坏规律数值模拟研究

依据营盘壕煤矿地质采矿条件,构建了与相似材料模型相对应的离散元二维数值模型。模型开挖进度与相似材料模型开挖进度一致,采动引起的上覆岩层位移场、应力场演化规律及破坏规律具体如下文所述。

4.7.1 上覆岩层位移场演化规律

本书仅仅列举了2201工作面~2204工作面面长为300 m时上覆岩层位移云图及不同深度处岩层移动曲线,如图4-25~图4-28所示。

由图4-25~图4-28可知,煤采出后,直接顶至煤层以上66 m区域下沉较为剧烈。2201工作面回采后,离层发育至煤层以上96 m处。2202工作面回采后,离层发育至煤层以上66 m处。2203工作面回采后,离层发育至煤层以上66 m处。2204工作面回采后,离层发育至煤层以上86 m处。

随着采动范围的扩大,煤柱1~煤柱3的压缩量呈现依次减小的趋势,此现象与相似材料模拟结果一致。受区段煤柱的影响,覆岩下沉曲线呈波浪形,且经过厚层直罗组砂岩向上传递时被弱化,变成单一平缓的下沉盆地。

为更加直观地展示地表下沉与采动程度之间的关系,本书统计了不同宽深比相对应的地表下沉量,计算了相应的地表下沉系数,见表4-7,并绘制了相应的地表下沉曲线和宽深比与地表下沉系数关系曲线,如图4-29所示。

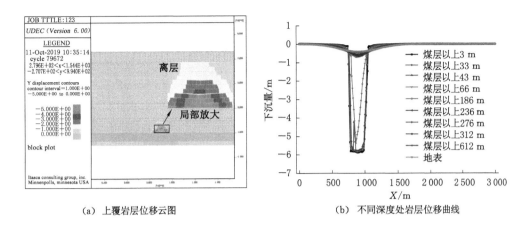

（a）上覆岩层位移云图　　　　　（b）不同深度处岩层位移曲线

图 4-25　2201 工作面开采时上覆岩层位移场演化规律

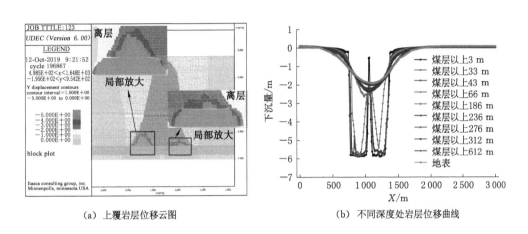

（a）上覆岩层位移云图　　　　　（b）不同深度处岩层位移曲线

图 4-26　2202 工作面开采时上覆岩层位移场演化规律

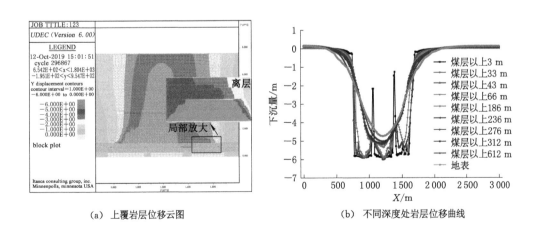

（a）上覆岩层位移云图　　　　　（b）不同深度处岩层位移曲线

图 4-27　2203 工作面开采时上覆岩层位移场演化规律

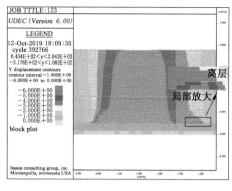

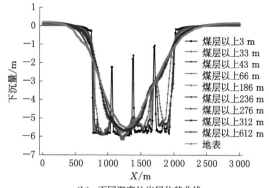

(a) 上覆岩层位移云图   (b) 不同深度处岩层位移曲线

图 4-28   2204 工作面开采时上覆岩层位移场演化规律

表 4-7   地表移动参数

开采进程	采宽/m	采深/m	宽深比	下沉量/mm	下沉系数
2201 工作面面长 180 m	180	725	0.25	139	0.05
2201 工作面面长 240 m	240	725	0.33	242	0.08
2201 工作面面长 300 m	300	725	0.41	407	0.12
2202 工作面面长 120 m	440	725	0.61	761	0.18
2202 工作面面长 180 m	500	725	0.69	1 010	0.23
2202 工作面面长 240 m	560	725	0.77	1 370	0.29
2202 工作面面长 300 m	620	725	0.86	1 910	0.38
2203 工作面面长 120 m	760	725	1.05	3 000	0.55
2203 工作面面长 180 m	820	725	1.13	3 820	0.67
2203 工作面面长 240 m	880	725	1.21	4 350	0.74
2203 工作面面长 300 m	940	725	1.30	4 750	0.79
2204 工作面面长 120 m	1 080	725	1.49	5 050	0.84
2204 工作面面长 180 m	1 140	725	1.57	5 180	0.86
2204 工作面面长 240 m	1 200	725	1.66	5 350	0.89
2204 工作面面长 300 m	1 260	725	1.74	5 450	0.91

由图 4-29（a）可知，2201 工作面～2204 工作面开采后，地表最大下沉量依次为 407 mm、1 910 mm、4 750 mm 和 5 450 mm，呈现明显的跳跃性。当 2203 工作面长度为 120 m 时，地表下沉最为剧烈，地表最大下沉量增加 1 090 mm。数值模拟结果与相似材料模拟结果一致，进一步验证了本书研究结果的可靠性。

由图 4-29（b）可知，随着宽深比的增大，地表下沉系数呈 Boltzmann 函数增大，相关系数 $R^2 = 0.998$，数学表达式为：

$$q = 0.918 + \frac{0.039 - 0.918}{1 + e^{\frac{D_1/H_0 - 0.954}{0.206}}} \tag{4-18}$$

另外，本书还统计了随着采动空间的增大，不同深度覆岩下沉量（表 4-8）以及下沉边界

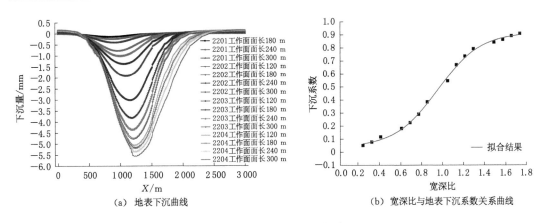

　　（a）地表下沉曲线　　　　　　　　　　（b）宽深比与地表下沉系数关系曲线

图 4-29　地表移动变形规律

距离采空区边界的距离（表 4-9），并绘制、拟合了对应的关系曲线，如图 4-30、图 4-31 所示。

表 4-8　不同深度覆岩下沉量（W_{max}）

距离煤层的 高度/m	不同深度覆岩下沉量/mm			
	2201 工作面面长 300 m	2202 工作面面长 300 m	2203 工作面面长 300 m	2204 工作面面长 300 m
3	5 880	5 890	6 000	6 060
33	5 820	5 840	6 020	6 160
43	5 800	5 820	6 020	6 170
66	5 390	5 760	5 920	6 120
186	682	2 640	5 340	5 790
236	625	2 390	5 180	5 670
276	587	2 300	5 160	5 660
312	562	2 220	5 130	5 660
612	440	2 030	5 030	5 520
725	407	1 910	4 750	5 450

表 4-9　不同深度覆岩下沉边界距离采空区边界的距离（S_W）

距离煤层的 高度/m	下沉边界距离采空区边界的距离/m			
	2201 工作面面长 300 m	2202 工作面面长 300 m	2203 工作面面长 300 m	2204 工作面面长 300 m
3	340	370	340	340
33	400	410	370	370
43	410	410	380	370
66	430	420	380	380
186	450	430	390	380
236	470	430	380	380
276	470	440	380	380

表 4-9(续)

距离煤层的高度/m	下沉边界距离采空区边界的距离/m			
	2201 工作面面长 300 m	2202 工作面面长 300 m	2203 工作面面长 300 m	2204 工作面面长 300 m
312	480	450	390	390
612	550	470	410	410
725	600	520	420	420

由图 4-30 可知,当开采 2201 工作面～2204 工作面时,上覆岩层不同埋深下的最大下沉量与距离煤层的高度均呈 Boltzmann 函数关系,相应的相关系数 R^2 为 0.999、0.994、0.956、0.944。随着采动范围的扩大,Boltzmann 函数相关系数有减小的趋势。

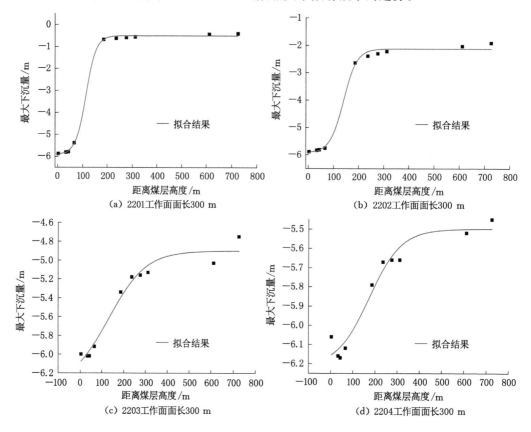

图 4-30　不同采动程度条件下地表最大下沉量演化规律

由图 4-31(a)可知,当 2201 工作面面长为 300 m 时,上覆岩层不同深度下沉影响边界距离采空区边界的距离与距离煤层的高度(ΔH)呈 Boltzmann 函数关系,相关系数 $R^2 = 0.992$,相关数学表达式为:

$$\Delta H = 749.13 - \frac{770.77}{1 + e^{\frac{S_W - 490.67}{35.49}}}$$　　(4-19)

由图 4-31(b)可知,当 2202 工作面面长为 300 m 时,上覆岩层不同深度下沉影响边界距离采空区边界的距离与距离煤层的高度呈 Boltzmann 函数关系,相关系数 $R^2 = 0.967$,相

关数学表达式为:

$$\Delta H = 744.13 - \frac{759.4}{1 + e^{\frac{S_w - 448.81}{16.68}}} \qquad (4\text{-}20)$$

由图 4-31(c)可知,当 2203 工作面面长为 300 m 时,上覆岩层不同深度下沉影响边界距离采空区边界的距离与距离煤层的高度呈 Boltzmann 函数关系,相关系数 $R^2 = 0.872$,相关数学表达式为:

$$\Delta H = 17\,086.79 - 98.69 S_w + 0.14 S_w^2 \qquad (4\text{-}21)$$

由图 4-31(d)可知,当 2204 工作面面长为 300 m 时,上覆岩层不同深度下沉影响边界距离采空区边界的距离与距离煤层的高度呈 Boltzmann 函数关系,相关系数 $R^2 = 0.918$,相关数学表达式为:

$$\Delta H = 14\,060.02 - 82.83 S_w + 0.12 S_w^2 \qquad (4\text{-}22)$$

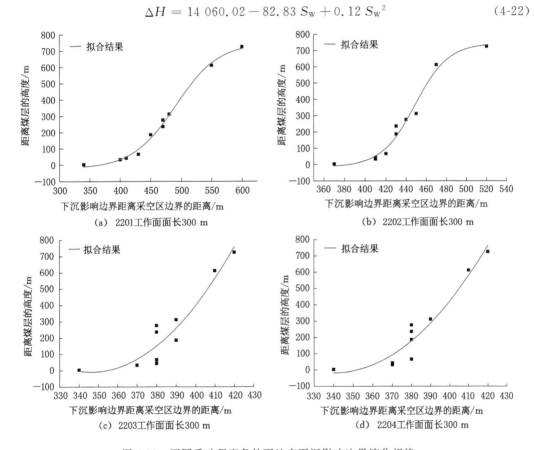

图 4-31 不同采动程度条件下地表下沉影响边界演化规律

通过分析图 4-30、图 4-31 可知,当采空区宽度较小时,上覆岩层不同深度下的 W_{max} 和 S_w 与距离煤层的高度均呈 Boltzmann 函数关系。随着采空区范围的不断扩大,上覆岩层不同深度下的 W_{max} 与距离煤层的高度仍然呈 Boltzmann 函数关系,上覆岩层不同深度下的 S_w 与距离煤层的高度之间的关系逐渐由 Boltzmann 函数关系向抛物线函数关系转变。

4.7.2 上覆岩层破坏演化规律

图 4-32~图 4-35 为工作面回采过程中上覆岩层破坏规律。由图可知,随着采空区不断

扩大,覆岩破坏范围逐渐扩大,具体如下文所述。

由图 4-32 可知,当 2201 工作面面长为 300 m 时,垮落带发育至煤层以上 66 m,煤层以上 116 m 处有较大裂缝发育,采空区上覆岩层拉破坏发育至煤层以上 276 m,覆岩拉破坏形态近似呈拱形。采空区上方、志丹群砂岩两侧底部岩层均有塑性区发育,距离采空区较远处和志丹群砂岩上部发生轻微拉破坏。

图 4-32　2201 工作面面长为 300 m 时上覆岩层破坏特征

由图 4-33 可知,当连续开采 2201、2202 工作面时,2202 工作面垮落带发育至煤层以上 66 m,2202 工作面上覆岩层拉破坏发育至煤层以上 186 m,覆岩拉破坏形态近似呈拱形。采空区上方、志丹群砂岩底部岩层塑性区几乎贯通,采空区两侧志丹群砂岩上部岩层拉破坏程度加剧,并逐渐向采空区边界发育,采空区两侧地表发生轻微拉破坏。采空区正上方地表和志丹群砂岩上部岩层均有轻微塑性区发育。

图 4-33　2202 工作面面长 300 m 时上覆岩层破坏特征

由图 4-34 可知,当连续开采 2201 工作面~2203 工作面时,2203 工作面垮落带发育至煤层以上 66 m,2203 工作面上覆岩层拉破坏发育至煤层以上 236 m,2201 工作面上覆岩层拉破坏停止向上发育,2202 工作面上覆岩层拉破坏继续向上发育至煤层以上 236 m,覆岩拉破坏形态近似呈拱形。采空区上方、志丹群砂岩底部岩层塑性区贯通,采空区两侧、志丹群砂岩上部岩层拉破坏区面积继续扩大,并且发育至采空区边界甚至采空区上方,采空区两侧地表拉破坏区域范围继续扩大。采空区正上方地表及志丹群砂岩上部岩层塑性区范围继续扩大,并连通。

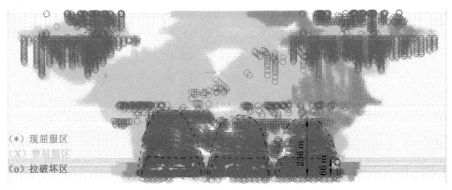

图 4-34　2203 工作面面长 300 m 时上覆岩层破坏特征

由图 4-35 可知,当连续开采 2201 工作面~2204 工作面时,2204 工作面垮落带发育至煤层以上 66 m,2204 工作面上覆岩层拉破坏发育至煤层以上 236 m,2201 工作面~2203 工作面上覆岩层拉破坏停止向上发育,覆岩拉破坏形态近似呈拱形。采空区上方、志丹群砂岩底部岩层塑性区贯通,采空区两侧、志丹群砂岩上部岩层拉破坏区面积继续扩大,并向采空区中央发育,采空区两侧地表拉破坏区域范围继续扩大。采空区正上方地表及志丹群砂岩上部岩层塑性区范围继续扩大。

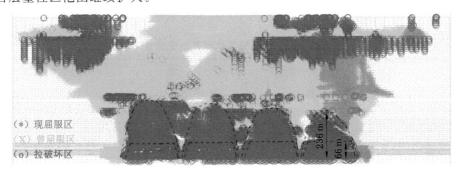

图 4-35　2204 工作面面长 300 m 时上覆岩层破坏特征

由图 4-32~图 4-35 可知,垮落带发育至煤层以上 66 m,覆岩拉破坏发育至巨厚志丹群砂岩底部,上覆岩层破坏边界形态呈拱形,覆岩破坏特征与相似材料模拟结果一致。

4.7.3　上覆岩层应力场演化规律

图 4-36 为工作面回采过程中围岩应力场演化规律,表 4-10 为相对应的垂直应力统计表。由图 4-36 和表 4-10 可知:

（1）当2201工作面面长依次为180 m、240 m和300 m时，采空区两侧煤壁（煤柱1）垂直应力逐渐增大，垂直应力达到28.60 MPa。

（2）当开采2202工作面时，煤柱1垂直应力继续增大，达到67.80 MPa；采空区两侧煤壁（煤柱2）应力继续增大，增大至42.50 MPa。

（3）当开采2203工作面时，煤柱1垂直应力逐渐减小至6.10 MPa；2202工作面直接顶有矿山压力显现发生，垂直应力增大至27.7 MPa；煤柱2垂直应力先减小后增大，垂直应力依次为39.40 MPa、39.90 MPa、46.90 MPa和50.80 MPa；采空区两侧煤壁（煤柱3）垂直应力先增大后减小，垂直应力依次为25.70 MPa、33.10 MPa、42.90 MPa和30.30 MPa。

（4）当开采2204工作面时，煤柱1垂直应力迅速增大，垂直应力依次为7.01 MPa、101.00 MPa、102.00 MPa和103.00 MPa；煤柱2和煤柱3的垂直应力逐渐增大；2201工作面直接顶垂直应力几乎不变，2202、2203工作面有轻微矿山压力显现发生，垂直应力逐渐增大。

通过分析区段煤柱1受力演化规律可知，巨厚弱胶结覆岩深部开采覆岩动力显现范围较大，距离2204工作面大于600 m的区段煤柱应力集中程度进一步增大。

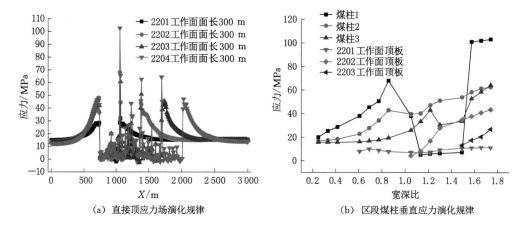

（a）直接顶应力场演化规律　　　　（b）区段煤柱垂直应力演化规律

图4-36　围岩应力场演化规律

表4-10　煤柱和工作面直接顶应力

开采顺序	宽深比	2201工作面顶板应力/MPa	煤柱1应力/MPa	2202工作面顶板应力/MPa	煤柱2应力/MPa	2203工作面顶板应力/MPa	煤柱3应力/MPa
2201工作面面长180 m	0.25		19.90		16.50		15.40
2201工作面面长240 m	0.33		25.20		17.10		15.40
2201工作面面长300 m	0.41		28.60		18.10		15.40
2202工作面面长120 m	0.61	7.56	37.90		22.50		15.90
2202工作面面长180 m	0.69	9.63	45.30		27.50		16.60
2202工作面面长240 m	0.77	8.52	50.50		34.00		17.60
2202工作面面长300 m	0.86	7.41	67.80		42.50		19.20
2203工作面面长120 m	1.05	6.71	38.10	4.08	39.40		25.70
2203工作面面长180 m	1.13	6.57	4.90	7.81	39.90		33.10

表 4-10(续)

开采顺序	宽深比	2201 工作面顶板应力/MPa	煤柱 1 应力/MPa	2202 工作面顶板应力/MPa	煤柱 2 应力/MPa	2203 工作面顶板应力/MPa	煤柱 3 应力/MPa
2203 工作面面长 240 m	1.21	6.99	5.74	16.70	46.90		42.90
2203 工作面面长 300 m	1.30	8.91	6.10	27.70	50.80		30.30
2204 工作面面长 120 m	1.49	10.30	7.01	34.70	53.60	12.90	33.40
2204 工作面面长 180 m	1.57	10.60	101.00	37.60	58.00	17.30	52.60
2204 工作面面长 240 m	1.66	10.90	102.00	40.70	61.10	20.20	58.20
2204 工作面面长 300 m	1.74	10.80	103.00	43.30	62.20	26.60	64.00

另外,为了研究巨厚弱胶结覆岩深部开采岩层破坏规律,本书分析了采动过程中上覆岩层压力拱演化规律,如图 4-37 所示。

由图 4-37(a)～(c)可知,当 2201 工作面面长为 180 m 时,薄层砂岩(直接顶)发生梁式破断,采空区上方有双压力拱发育,形成稳定的拱壳结构,支撑上覆岩层荷载。当 2201 工作面面长为 240 m 时,采空区上方有 3 个压力拱发育,厚层砂岩发生拱壳式破坏。当 2201 工作面面长为 300 m 时,采空区上方 3 个压力拱继续向上发育,厚层砂岩拱壳式破坏范围进一步扩大。

由图 4-37(d)～(g)可知,当 2202 工作面面长为 120 m 时,薄层砂岩(直接顶)发生梁式破断,采空区上方有双压力拱发育,形成稳定的拱壳结构,支撑直接顶上方岩层荷载;此时,2201 工作面上方岩层中有 4 个压力拱发育,厚层砂岩发生双拱壳式破坏。当 2202 工作面面长为 180 m 时,2201 工作面和 2202 工作面采空区上方有双大压力拱发育,形成稳定的拱壳结构,支撑上覆岩层荷载;2202 工作面上方薄层砂岩(直接顶)继续发生梁式破坏,形成砌体梁结构。当 2202 工作面面长为 240 m 时,2201 工作面和 2202 工作面采空区上方双大压力拱略微向上发育,继续支撑上覆岩层荷载,2202 工作面上方厚层砂岩发生拱壳式破坏。当 2202 工作面面长为 300 m 时,2201 工作面和 2202 工作面采空区上方双大压力拱范围略有扩大,继续支撑上覆岩层荷载;2202 工作面上方厚层砂岩拱壳式破坏范围略有扩大。

由图 4-37(h)、(i)可知,当 2203 工作面面长为 120 m 时,2201 工作面～2203 工作面采空区上方双大压力拱范围略有扩大,拱壳式破坏继续向上发育。当 2203 工作面面长为 300 m 时,志丹群砂岩发生剧烈破坏,失去承载能力,稳定拱壳结构消失;在志丹群砂岩底部有压力拱及半压力拱发育,拱脚集中在区段煤柱 1、煤柱 2 和 2202 工作面垮落带上,垮落裂缝带内部有小应力拱发育;2203 工作面上方薄层砂岩发生梁式破坏,厚层砂岩发生拱壳式破坏。

由图 4-37(j)～(l)可知,当 2204 工作面面长为 120 m 和 180 m 时,覆岩中压力拱发育形态与图 4-37(i)的描述类似。2204 工作面上方薄层砂岩发生梁式破坏,形成砌体梁结构,上方有双压力拱发育,形成稳定的拱壳结构,支撑上方岩层荷载。当 2204 工作面面长为 300 m 时,2201、2202 工作面垮落裂缝带中小压力拱消失,2203 工作面垮落裂缝带中有半拱壳式破坏结构发育,2204 工作面上方岩层有 3 个压力拱发育,厚层砂岩发生拱壳式破坏。

为了深入研究巨厚弱胶结覆岩深部开采岩层破坏规律,在不考虑区段煤柱对上覆岩层

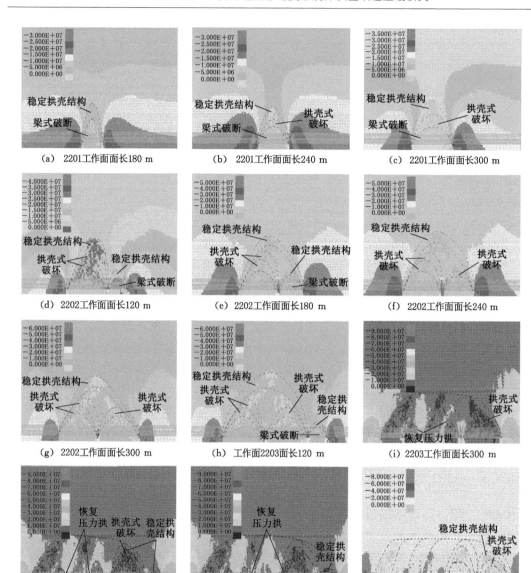

图 4-37　多工作面连续开采上覆岩层压力拱演化规律

破坏规律影响的情况下,本书模拟分析了当倾向方向达到充分采动、走向方向采动程度逐渐增大时上覆岩层压力拱演化规律。

由图 4-38 可知,随着工作面不断向前推进,上覆岩层中压力拱随之向前发育。当主要关键层结构发生破断后,在破断处及其下方垮落裂隙带中形成应力集中区,小压力拱继续随工作面的推进向前发育。此时,小压力拱内部的厚层砂岩结构发生半拱壳式破坏。

通过分析图 4-37 和图 4-38 的覆岩压力拱演化规律可知,巨厚弱胶结覆岩深部开采覆岩破坏模式为"梁-拱壳"式组合破坏,并随采动空间的不断扩大转变为"梁-半拱壳"式破坏,与相似材料基础模型结果一致。

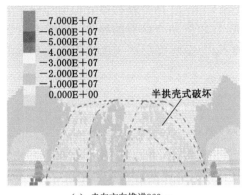
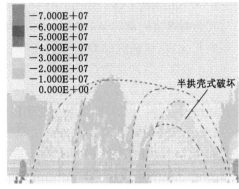

(a) 走向方向推进960 m　　　　　　　　　(b) 走向方向推进1 200 m

图 4-38　工作面向前推进时上覆岩层压力拱演化规律

4.8　本章小结

本章以营盘壕煤矿地质采矿条件为例,利用相似材料模拟和数值模拟手段,研究了巨厚弱胶结覆岩深部多工作面开采岩层运动规律及破坏特征,得到如下结论:

(1)提出了叠合式相似材料模拟新思路,在一定程度上克服了相似材料模拟在研究深部开采岩层移动问题的局限性。首次将基于等比数列修正的位移视差法应用到相似材料模型监测中,测量中误差分别是 0.46 mm 和 0.48 mm,测量精度达到了亚毫米级。该方法弥补了自动识别法经常无法识别一些重要特征点的不足。提出了单双目近景摄影测量联合监测新方法,结合传统摄影测量技术高精度监测和单目视觉数字近景摄影测量连续监测的优势,在保证测量精度的基础上实现了大尺寸相似材料模型整体动态变形监测,为研究深部开采区域性岩层移动响应过程提供了技术支持。

(2)巨厚弱胶结覆岩导水裂缝带高度明显大于中东部中硬及软弱覆岩地区。相似模拟结果表明,巨厚弱胶结覆岩深部单工作面开采时,上覆岩层垮落带高度约为 66 m,导水裂缝带高度约为 112 m,明显大于同等采动程度条件下中东部中硬及软弱覆岩地区的导水裂缝带高度。煤层以上 43 m 和 66 m 处有离层发育。随着开采范围的增大,煤层以上 43 m 处离层演化规律曲线呈"月牙"形、"瓢"形、"舟"形和"眼睛"形;煤层以上 66 m 处离层演化规律曲线呈"一字"形和"月牙"形,最终闭合。

(3)巨厚弱胶结覆岩直接顶初次破断距达到了 120 m,周期破断距约为 60 m,破断块体尺寸较大(破断块体最大尺寸为长 120 m,厚 33 m),均远大于东部矿区石炭-二叠系煤层中硬覆岩的初次来压步距、周期来压步距及破断块体尺寸。巨厚弱胶结覆岩深部开采常有底鼓及工作面切顶现象发生,覆岩中志丹群巨厚砂岩和直罗组厚层砂岩对上覆岩层移动有明显的控制作用。

(4)在巨厚弱胶结覆岩深部多工作面开采中,覆岩动力显现范围较大,不同位置区段煤柱的压缩变形量有明显差异,首采面与相邻工作面间的区段煤柱压缩变形量最大,其余区段煤柱压缩变形量依次递减。

(5)巨厚弱胶结覆岩深部多工作面开采地表下沉呈跳跃式发展,地表下沉系数与宽深比呈 Boltzmann 函数关系。随着采空区范围的不断扩大,巨厚弱胶结覆岩不同埋深岩层的 W_{max} 与其距离煤层的高度呈 Boltzmann 函数关系,且相关性有减弱的趋势。随着采空区范围的不断扩大,巨厚弱胶结覆岩不同埋深岩层的 S_W 与距离煤层的高度之间的关系逐渐由 Boltzmann 函数关系向抛物线函数关系转变。

（6）巨厚弱胶结覆岩破坏模式为"梁-拱壳"式破坏,破坏边界形态呈拱形。薄层弱胶结砂岩破坏模式为"梁"式破坏,最终形成砌体梁结构。厚层弱胶结砂岩破坏模式为"拱壳"式破坏,随着开采范围不断扩大,其逐渐由完整"拱壳"式破坏转变为"半拱壳"式破坏。随着单层厚度的增大,厚层弱胶结砂岩破坏模式由"拱壳"式破坏向"拱壳-梁-拱壳"式破坏转变。

（7）当 $D/H \approx 0.85$ 时,巨厚志丹群砂岩在采空区两侧位置首次发生剧烈拉破坏,覆岩破坏模式为"拱壳-梁"式破坏,形成次生平衡结构,能够承载上覆岩层的荷载。当 $D/H \approx 1.0$ 时,巨厚志丹群砂岩次生平衡结构再次发生破坏,覆岩破坏模式为"拱壳-梁-拱壳"式破坏,形成再生平衡结构,能够承载上覆岩层的荷载。当 $D/H \approx 1.3$ 时,巨厚志丹群砂岩完全破坏,失去承载力。当 $D/H < 0.85$ 时,即巨厚志丹群砂岩发生剧烈拉伸破坏前,巨厚志丹群砂岩运动过程与时间存在明显的相关性;在 $D/H \geqslant 0.85$ 时,即巨厚志丹群砂岩发生首次剧烈拉伸破坏后,巨厚志丹群砂岩运动过程与时间的相关性消失,表现出随采随沉的特征。

5 巨厚弱胶结覆岩深部开采岩层
移动力学分析

通过前文研究可知,覆岩结构和水平构造应力对巨厚弱胶结覆岩深部开采岩层运动规律有明显影响,上覆岩层呈"梁-拱壳式"组合破坏发育。本章结合关键层理论,以营盘壕煤矿为例分析了巨厚弱胶结覆岩运动过程;结合岩梁理论和随机介质的颗粒体介质理论模型,揭示了水平构造应力对巨厚弱胶结覆岩深部开采岩层运动规律影响的作用机理;结合岩梁理论和压力拱理论,分析了巨厚弱胶结覆岩破坏模式。详细内容如下所述。

5.1 巨厚弱胶结覆岩深部开采岩层移动过程分析

5.1.1 关键层判别理论

(1) 荷载判别条件

假设有 n 组岩层,最下面一层岩层为关键层,则其上覆岩层随其发生同步弯曲变形,根据同步变形曲率相等原理,这 n 层岩层作用在最下面一层岩层的荷载 $(q_n)_1$ 可以表示为:

$$(q_n)_1 = \frac{E_1 h_1^3 \sum_{i=1}^{n} \gamma_i h_i}{\sum_{i=1}^{n} E_i h_i^3} \tag{5-1}$$

式中　E_i——第 i 层岩层的弹性模量,kPa;

　　　h_i——第 i 层岩层的厚度,m;

　　　γ_i——第 i 层岩层的重力密度,kN/m³。

则第 n 层岩层相对于最底层岩层成为关键层的条件为:

$$(q_n)_1 < (q_1)_1 \tag{5-2}$$

则第 $n-1$ 层岩层成为关键层的条件为:

$$(q_n)_1 < (q_{n-1})_1 \tag{5-3}$$

即

$$\sum_{i=1}^{n-1} E_i h_i^3 \sum_{i=1}^{n} \gamma_i h_i < \sum_{i=1}^{n} E_i h_i^3 \sum_{i=1}^{n-1} \gamma_i h_i \tag{5-4}$$

(2) 刚度判别条件

如果最底层岩层为关键层,则其极限跨距 l_n 必须大于其他 $n-1$ 层岩层的极限跨距,这样才能承载上覆岩层的荷载。因此,最底层岩层成为关键层的强度条件为:

$$l_1 = \max\{l_1, l_2 \cdots l_n\} \tag{5-5}$$

则第 $n-1$ 层岩层成为关键层的刚度条件为：

$$l_{n-1} = \max\{l_1, l_2 \cdots l_n\} \tag{5-6}$$

5.1.2 实例分析

本书以营盘壕煤矿 22 采区 2201 工作面为例进行分析，弱胶结覆岩地层结构及部分参数见表 5-1。

表 5-1 弱胶结覆岩地层结构及部分参数

岩层序号	岩性	厚度/m	密度/(kg/m³)
11	表土层	86	1 984
10	砂质泥岩 5	27	2 118
9	志丹群砂岩	300	2 118
8	粗砂岩	14	2 350
7	砂质泥岩 4	22	2 467
6	安定组砂岩	40	2 274
5	安定-直罗组砂岩	50	2 376
4	直罗组砂岩	120	2 418
3	砂质泥岩 3	23	2 405
2	中砂岩 1	10	2 490
1	砂质泥岩 2	33	2 453

（1）砂质泥岩 2 顶板的运动与力学分析

根据关键层荷载判别条件可得式（5-7）～式（5-10）

$$(q_1)_1 = \gamma_1 h_1 = 0.81 \ (\mathrm{MN/m^2}) \tag{5-7}$$

$$(q_2)_1 = \frac{E_1 h_1^3 (\gamma_1 h_1 + \gamma_2 h_2)}{E_1 h_1^3 + E_2 h_2^3} = 1.04 \ (\mathrm{MN/m^2}) \tag{5-8}$$

$$(q_3)_1 = \frac{E_1 h_1^3 (\gamma_1 h_1 + \gamma_2 h_2 + \gamma_3 h_3)}{E_1 h_1^3 + E_2 h_2^3 + E_3 h_3^3} = 1.19 \ (\mathrm{MN/m^2}) \tag{5-9}$$

$$(q_4)_1 = \frac{E_1 h_1^3 (\gamma_1 h_1 + \gamma_2 h_2 + \gamma_3 h_3 + \gamma_4 h_4)}{E_1 h_1^3 + E_2 h_2^3 + E_3 h_3^3 + E_4 h_4^3} = 0.10 \ (\mathrm{MN/m^2}) \tag{5-10}$$

根据关键层刚度判别条件可得式（5-11）～式（5-14）：

$$l_1 = h_1 \sqrt{\frac{2\sigma_1}{(q_1)_1}} = 100.73 \ (\mathrm{m}) \tag{5-11}$$

$$l_2 = h_2 \sqrt{\frac{2\sigma_2}{(q_2)_1}} = 27.79 \ (\mathrm{m}) \tag{5-12}$$

$$l_3 = h_3 \sqrt{\frac{2\sigma_3}{(q_3)_1}} = 54.65 \ (\mathrm{m}) \tag{5-13}$$

$$l_4 = h_4 \sqrt{\frac{2\sigma_4}{(q_4)_1}} = 950.71 \ (\mathrm{m}) \tag{5-14}$$

进而可得式（5-15）和式（5-16）

$$(q_4)_1 < (q_1)_1 < (q_2)_1 < (q_3)_1 \tag{5-15}$$

$$l_4 > l_1 > l_3 > l_2 \tag{5-16}$$

通过上述计算对比分析可知,砂质泥岩 3 和中砂岩 1 会随着砂质泥岩 2 同步运动,直罗组砂岩不会与砂质泥岩 3 同步运动,砂质泥岩 3 与直罗组砂岩之间会发生离层,与相似材料模拟和离散元数值模拟结果一致。

(2) 直罗组砂岩的运动与力学分析

根据关键层荷载判别条件可得式(5-17)~式(5-22)

$$(q_1)_4 = \gamma_4 h_4 = 2.90 \ (\text{MN/m}^2) \tag{5-17}$$

$$(q_2)_4 = \frac{E_4 h_4^3 (\gamma_4 h_4 + \gamma_5 h_5)}{E_4 h_4^3 + E_5 h_5^3} = 3.77 \ (\text{MN/m}^2) \tag{5-18}$$

$$(q_3)_4 = \frac{E_4 h_4^3 (\gamma_4 h_4 + \gamma_5 h_5 + \gamma_6 h_6)}{E_4 h_4^3 + E_5 h_5^3 + E_6 h_6^3} = 4.44 \ (\text{MN/m}^2) \tag{5-19}$$

$$(q_4)_4 = \frac{E_4 h_4^3 (\gamma_4 h_4 + \gamma_5 h_5 + \gamma_6 h_6 + \gamma_7 h_7)}{E_4 h_4^3 + E_5 h_5^3 + E_6 h_6^3 + E_7 h_7^3} = 4.89 \ (\text{MN/m}^2) \tag{5-20}$$

$$(q_5)_4 = \frac{E_4 h_4^3 (\gamma_4 h_4 + \gamma_5 h_5 + \gamma_6 h_6 + \gamma_7 h_7 + \gamma_8 h_8)}{E_4 h_4^3 + E_5 h_5^3 + E_6 h_6^3 + E_7 h_7^3 + E_8 h_8^3} = 5.17 \ (\text{MN/m}^2) \tag{5-21}$$

$$(q_6)_4 = \frac{E_4 h_4^3 (\gamma_4 h_4 + \gamma_5 h_5 + \gamma_6 h_6 + \gamma_7 h_7 + \gamma_8 h_8 + \gamma_9 h_9)}{E_4 h_4^3 + E_5 h_5^3 + E_6 h_6^3 + E_7 h_7^3 + E_8 h_8^3 + E_9 h_9^3} = 1.73 \ (\text{MN/m}^2) \tag{5-22}$$

根据关键层刚度判别条件可得式(5-23)~式(5-28):

$$l_4 = h_4 \sqrt{\frac{2 \sigma_4}{(q_1)_4}} = 179.88 \ (\text{m}) \tag{5-23}$$

$$l_5 = h_5 \sqrt{\frac{2 \sigma_5}{(q_2)_4}} = 66.93 \ (\text{m}) \tag{5-24}$$

$$l_6 = h_6 \sqrt{\frac{2 \sigma_6}{(q_3)_4}} = 46.75 \ (\text{m}) \tag{5-25}$$

$$l_7 = h_7 \sqrt{\frac{2 \sigma_7}{(q_4)_4}} = 26.46 \ (\text{m}) \tag{5-26}$$

$$l_8 = h_8 \sqrt{\frac{2 \sigma_8}{(q_5)_4}} = 15.79 \ (\text{m}) \tag{5-27}$$

$$l_9 = h_9 \sqrt{\frac{2 \sigma_9}{(q_6)_4}} = 383.97 \ (\text{m}) \tag{5-28}$$

进而可得式(5-29)~式(5-30):

$$(q_6)_4 < (q_1)_4 < (q_2)_4 < (q_3)_4 < (q_4)_4 < (q_5)_4 \tag{5-29}$$

$$l_9 > l_5 > l_6 > l_7 > l_8 \tag{5-30}$$

通过上述计算对比分析可知,岩层 5~岩层 8 会随着直罗组砂岩同步运动,志丹群砂岩不会与粗砂岩同步运动,志丹群砂岩与粗砂岩之间会发生离层,与相似材料模拟和离散元数值模拟结果一致。

综上所述,研究区域巨厚弱胶结覆岩运动过程可分为 3 个岩层组的运动过程,分别是:

(1) 岩层组 1 以砂质泥岩 2 为关键层,砂质泥岩 2、中砂岩 1 和砂质泥岩 3 同步运动。

(2) 岩层组 2 以直罗组砂岩为关键层,直罗组砂岩、安定-直罗组砂岩、安定组砂岩、砂质泥岩 4 和粗砂岩同步运动。

（3）岩层组 3 以志丹群砂岩为关键层，志丹群砂岩、砂质泥岩 5 和表土层同步运动。

3 个岩层组的运动优先级从高到低依次为岩层组 1、岩层组 2、岩层组 3。

5.2 水平构造应力影响巨厚弱胶结覆岩运动的作用机理分析

根据第 3 章的内容可知，水平构造应力对巨厚弱胶结覆岩深部开采地表移动变形规律有明显的影响。并且，由水平应力释放、转移示意图（图 5-1）可知，在煤层开采初期，采空区附近存在水平应力释放、转移和集中的现象，且主要集中在有控制作用的岩层附近。当开采范围较大，地表接近甚至达到充分采动时，上覆岩层中水平应力集中程度较低甚至消失。因此，在关键层结构发生破坏前，水平构造应力主要通过和关键层结构的耦合作用来影响岩层运动及地表移动变形。在关键层结构发生破坏后，上覆岩层破断块体可以看成离散介质，水平构造应力通过挤压离散破断块体来影响岩层运动及地表移动变形。下面通过分析水平构造应力与关键层结构极限跨距之间的关系及其对离散块体移动概率的影响来揭示水平构造应力对巨厚弱胶结覆岩运动规律影响的作用机理。

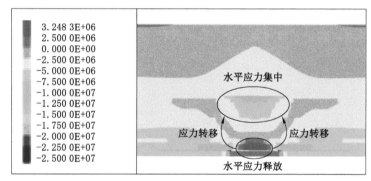

（a）侧压力系数0.5

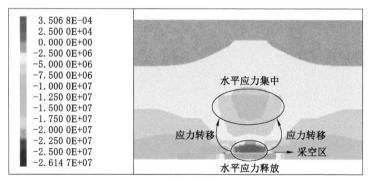

（b）侧压力系数1.0

图 5-1 水平应力释放、转移示意图

5.2.1 水平应力演化规律力学分析

根据 5.1 节的内容可知，直罗组砂岩和志丹群砂岩分别为研究区域的亚关键层和主关键层。则考虑水平构造应力后的直罗组砂岩和志丹群砂岩的受力分析如图 5-2 所示。

假定研究区域深部开采水平应力呈线性分布。在煤层开采初期，亚关键层结构受到的

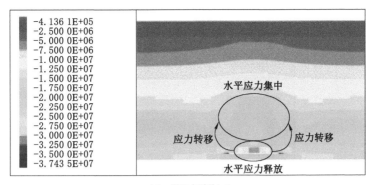

（c）侧压力系数1.5

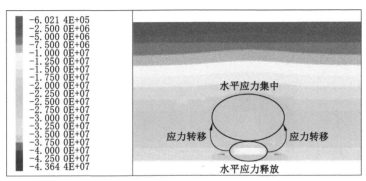

（d）侧压力系数2.0

图 5-1 （续）

水平应力 σ'_{ya} 可表示为原水平应力 σ_{ya} 与开采引起的水平应力 σ_{Δ} 之和[155]，即

$$\sigma'_{ya} = \sigma_{ya} + \sigma_{\Delta} \tag{5-31}$$

$$\sigma_{ya} = \frac{m\vartheta}{1-\vartheta}\bar{\gamma}h_0 \tag{5-32}$$

式中　$\bar{\gamma}$——上覆岩层的平均重力密度；

h_0——亚关键层结构的埋深；

ϑ——岩层泊松比；

m——水平应力集中系数。

当覆岩破坏发育至亚关键层结构底部时，"释放"的水平集中应力 $F_{释1}$ 可以表示为[155]：

$$F_{释1} = \int_{H_1-H_2}^{H_1} \frac{m\vartheta}{1-\vartheta}\bar{\gamma}h\,\mathrm{d}h = \frac{m\vartheta}{2(1-\vartheta)}\bar{\gamma}(2H_1 - H_2)H_2 \tag{5-33}$$

式中　H_1——煤层埋深；

H_2——亚关键层距离煤层的高度。

开采垮落裂缝区域释放的水平应力向上覆岩层或者底板岩层转移，假设其中 φ_1 % 的水平应力向上覆岩层转移，$1-\varphi_1$ % 的水平应力向底部岩层转移，转移后的水平应力仍然呈线性分布，则向上转移的水平应力可表示为：

$$\frac{\varphi_1}{100}F_{释1} = \int_0^{H_1-H_2} \gamma'h\,\mathrm{d}h \tag{5-34}$$

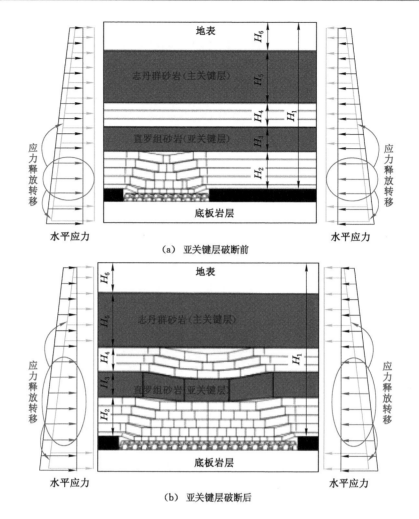

（b）亚关键层破断后

图 5-2 水平应力转移简化示意图

$$\gamma' = \frac{\varphi_1 m \vartheta \overline{\gamma}(2H_1 - H_2)H_2}{100(1-\vartheta)(H_1 - H_2)^2} \tag{5-35}$$

式中 γ' ——亚关键层结构下部岩体破裂引起上覆岩层增加的虚拟平均重力密度。

此时，亚关键层结构的水平应力可以表示为：

$$\sigma'_{ya} = \sigma_{ya} + \sigma_{\Delta} = \frac{m\vartheta}{1-\vartheta}(\overline{\gamma} + \gamma')h \tag{5-36}$$

式中 h ——亚关键层结构的厚度，$h \in [H_1 - H_2 - H_3, H_1 - H_2]$，其中 H_3 的含义如图 5-2 所示。

对式（5-36）求定积分，则水平集中应力 F'_{ya} 可表示为：

$$F'_{ya} = \int_{H_1 - H_2 - H_3}^{H_1 - H_2} \frac{m\vartheta}{1-\vartheta}(\overline{\gamma} + \gamma')h \, dh = Q \cdot \frac{m\vartheta \overline{\gamma}}{200(1-\vartheta)^2}[H_3^2 - 2H_1 H_3 + 2H_2 H_3] \tag{5-37}$$

式中 Q ——与亚关键层结构所在地层赋存条件相关的定值，$Q = [100(1-\vartheta)(H_1 - H_2)^2 +$

$$\varphi_1 m\vartheta(2H_1 - H_2)H_2](H_1 - H_2)^{-2}$$

此时,主关键层结构所受的水平应力σ'_{zhu}为:

$$\sigma'_{zhu} = \sigma_{zhu} + \sigma_\Delta = \frac{m\vartheta}{1-\vartheta}(\bar{\gamma} + \gamma')h \tag{5-38}$$

式中　h——主关键层结构的厚度,$h \in [H_6, H_5 + H_6]$,其中H_5、H_6的含义如图5-2所示。

对式(5-38)求定积分可得主关键层结构的水平集中应力F'_{zhu},即

$$F'_{zhu} = \int_{H_6}^{H_5+H_6} \frac{m\vartheta}{1-\vartheta}(\bar{\gamma} + \gamma')h\,dh \tag{5-39}$$

当覆岩破坏发育至主关键层结构底部时,其下部破裂岩体释放的水平集中应力$F_{释2}$可表示为:

$$F_{释2} = \int_{H_5+H_6}^{H_1-H_2} \frac{m\vartheta}{1-\vartheta}(\bar{\gamma} + \gamma')h\,dh \tag{5-40}$$

$$F_{释2} = \frac{m\vartheta}{2(1-\vartheta)}(\bar{\gamma} + \gamma')\left[(H_1 - H_2)^2 - (H_5 + H_6)^2\right] \tag{5-41}$$

同理,假设$\varphi_2\%$的水平集中应力向上覆岩层转移,其余向底部岩层转移,转移后的水平应力仍然呈线性分布,则向上转移的水平集中应力可表示为:

$$\frac{\varphi_2}{100}F_{释2} = \int_0^{H_5+H_6} \gamma''h\,dh \tag{5-42}$$

式中　γ''——主关键层结构下部岩体破裂,亚关键层及其上部岩体破裂引起上覆岩层增加的虚拟平均重力密度。

对式(5-42)求定积分可得:

$$\gamma'' = \frac{\varphi_2 m\vartheta(\bar{\gamma} + \gamma')\left[(H_1 - H_2)^2 - (H_5 + H_6)^2\right]}{100(1-\vartheta)(H_6 + H_5)^2} \tag{5-43}$$

此时,主关键层结构所受水平应力σ''_{zhu}为:

$$\sigma''_{zhu} = \sigma'_{zhu} + \sigma_\Delta = \frac{m\vartheta}{1-\vartheta}(\bar{\gamma} + \gamma' + \gamma'')h \tag{5-44}$$

式中　h——主关键层结构的厚度,$h \in [H_6, H_5 + H_6]$。

对式(5-44)求定积分可得此种情况下主关键层结构的水平集中应力F''_{zhu},即

$$F''_{zhu} = \int_{H_6}^{H_5+H_6} \frac{m\vartheta}{1-\vartheta}(\bar{\gamma} + \gamma' + \gamma'')h\,dh \tag{5-45}$$

5.2.2　水平构造应力对厚层弱胶结砂岩弹性弯曲变形分析

厚层弱胶结砂岩由于岩层单层厚度较大,整体性较好,具有较强的控制作用,受煤层开采引起的水平应力转移和集中的影响较大。因此,忽略岩层厚度这一次要矛盾,将单层厚层弱胶结砂岩看作简支梁[156]。当煤层开采后,采空区上覆岩层处于卸压区,起控制作用的厚层砂岩下部失去支撑力,如图5-3(a)所示。该区域受力情况如图5-3(b)所示。

根据弹性力学知识,截面$D—D$处的弯矩M_D可表示为:

$$M_D = \frac{1}{2}q2Lx_d - \frac{1}{2}qx_d^2 - Fy \tag{5-46}$$

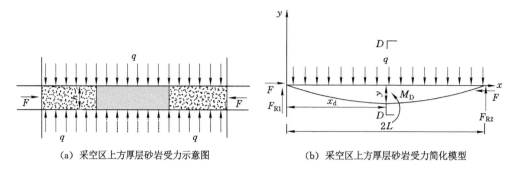

图 5-3　考虑水平构造应力的厚层弱胶结砂岩受力分析

式中,各参数的含义如图 5-3(b)所示。

则厚层弱胶结砂岩发生较小弹性弯曲变形时,内部存储的弹性能 E_n 可表示为[157]:

$$E_n = \int_0^{2L} \frac{M(x)^2}{2EI} d(x) - \frac{F}{2}\int_0^{2L} \left(\frac{dy}{dx}\right)^2 dx - q\int_0^{2L} y dx \tag{5-47}$$

式中　I——岩层在某处的截面惯性矩;

　　　$M(x)$——岩层在 x 处的弯矩;

　　　y——挠曲线函数, $y = w_{\max}\sin\dfrac{\pi x_d}{2L}$,其中 $w_{\max}$ 为简支梁受当前荷载条件下的最大挠度值。

为了计算方便,将式(5-47)简化为:

$$E_n \approx \frac{EI}{2}\int_0^{2L} \left(\frac{d^2 y}{dx^2}\right) d(x) - \frac{F}{2}\int_0^{2L} \left(\frac{dy}{dx}\right)^2 dx - q\int_0^{2L} y dx \tag{5-48}$$

由于发生弹性弯曲变形的简支梁为一个平衡系统,其对 $w_{\max}$ 的偏导数为:

$$\frac{\partial E_n}{\partial w_{\max}} = 0 \tag{5-49}$$

经过计算,可得:

$$w_{\max} = \frac{4(2L)^2 q}{\pi} \cdot \frac{1}{EI\pi^4 - F\pi^2(2L)^2} \approx \frac{5q(2L)^2}{384EI} \cdot \frac{1}{1-\dfrac{F}{F_{cr}}} = w_{\max}^0 \frac{1}{1-\dfrac{F}{F_{cr}}} \tag{5-50}$$

式中　$w_{\max}^0$——不受水平应力时的最大挠度值;

　　　F_{cr}——欧拉荷载, $F_{cr} = \dfrac{5q(2L)^2}{384EI}$。

在上覆岩层荷载和水平应力的作用下,厚层弱胶结砂岩的最大弯矩 $M_{\max}$ 可表示为:

$$M_{\max} = \frac{q(2L)^2}{8} + F w_{\max} \tag{5-51}$$

则厚层弱胶结砂岩截面上的拉应力及其不发生破断的条件可表示为:

$$\sigma = \frac{6M_{\max}}{h^2} - \frac{F}{h} \leqslant R_T \tag{5-52}$$

式中　R_T——极限抗拉强度。

由于厚层弱胶结砂岩发生弹性弯曲变形时, $w_{\max}$ 是一个微小量,故可以忽略不计,则在垂直均布荷载和水平应力共同作用下的极限跨矩L_{IT}可表示为：

$$L_{IT} = 2\sqrt{\frac{R_T\ h^2 + Fh}{3q}} \qquad (5\text{-}53)$$

考虑水平构造应力后的直罗组砂岩和志丹群砂岩的极限跨距可表示为：

$$\left.\begin{aligned} L_{IT}^{ya} &= 2\sqrt{\frac{H_3{}^2 R_T^{ya} + H_3\ F'_{ya}}{3q}} \\ L_{IT}^{zhu} &= 2\sqrt{\frac{H_5{}^2 R_T^{zhu} + H_5\ F'_{zhu}}{3q}} \end{aligned}\right\} \qquad (5\text{-}54)$$

式中 L_{IT}^{ya}——直罗组砂岩在考虑水平构造应力和采动过程中水平应力释放、转移和集中条件下的极限跨距；

   L_{IT}^{zhu}——志丹群砂岩在考虑水平构造应力和采动过程中水平应力释放、转移和集中条件下的极限跨距；

   R_T^{ya}——直罗组砂岩的极限抗拉强度；

   R_T^{zhu}——志丹群砂岩的极限抗拉强度。

综上所述，在关键层结构发生破坏前，考虑水平构造应力的作用，巨厚弱胶结覆岩中厚层侏罗系直罗组砂岩、白垩系志丹群砂岩等起主要控制作用岩层的极限跨距明显增大，从而导致同等采动程度条件下岩层自身的下沉量减小。

5.2.3 厚层弱胶结砂岩破坏后水平构造应力对岩层移动规律的影响

本书将破碎岩体看作随机介质的颗粒体介质，通过分析考虑水平构造应力作用随机介质的颗粒体介质理论模型（图 5-4），来研究厚层弱胶结砂岩破坏后水平构造应力对岩层移

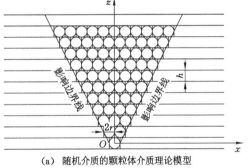

(a) 随机介质的颗粒体介质理论模型

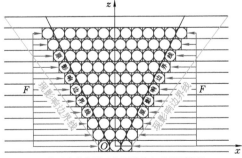

(b) 水平应力作用下的颗粒体介质理论模型

图 5-4 考虑水平构造应力的厚层弱胶结砂岩运动过程统计分析

动规律的影响。

考虑水平构造应力后,处于同一层颗粒的移动范围增大,影响边界如图 5-4(b)绿色直线所示。为便于分析,假定考虑水平构造应力后的颗粒移动范围如图 5-4(b)所示。建立直角坐标系 xOz,则 $x=0,z=0$ 的块体采出后,不同水平块体移动概率 $P(x,z)$ 见表 5-2。

表 5-2 离散介质块体移动的概率分布

随机介质的颗粒体介质理论模型			水平应力作用下的颗粒体介质理论模型		
$x=0$	$z=0$	$P(x,z)=1$	$x=0$	$z=0$	$P(x,z)=1$
$x=-r$	$z=h$	$P(x,z)=1/2$	$x=-3r$	$z=h$	$P(x,z)=1/8$
$x=r$	$z=h$	$P(x,z)=1/2$	$x=-r$	$z=h$	$P(x,z)=3/8$
$x=-2r$	$z=2h$	$P(x,z)=1/4$	$x=r$	$z=h$	$P(x,z)=3/8$
$x=0$	$z=2h$	$P(x,z)=1/2$	$x=3r$	$z=h$	$P(x,z)=1/8$
$x=2r$	$z=2h$	$P(x,z)=1/4$	$x=-4r$	$z=2h$	$P(x,z)=1/16$
$x=-3r$	$z=3h$	$P(x,z)=1/8$	$x=-2r$	$z=2h$	$P(x,z)=4/16$
$x=-r$	$z=3h$	$P(x,z)=3/8$	$x=0$	$z=2h$	$P(x,z)=6/16$
$x=r$	$z=3h$	$P(x,z)=3/8$	$x=2r$	$z=2h$	$P(x,z)=4/16$
$x=3r$	$z=3h$	$P(x,z)=1/8$	$x=4r$	$z=2h$	$P(x,z)=1/16$
...	...	...	...	...	...

结合相关参考文献[158],可推得中心坐标为 (x,z) 的考虑水平应力影响的颗粒体介质理论模型的块体移动概率为:

$$P(x,z)=\left(\frac{1}{2}\right)^{\frac{z}{h}+2} C_{\frac{z}{h}+2}^{\frac{z}{2h}+\frac{x}{2r}+2} \tag{5-55}$$

令 $a=\frac{z}{2h}+1, b=\frac{z}{2r}+1$,即对 x,z 无因次化,可得:

$$P(a,b)=\left(\frac{1}{2}\right)^{2a} C_{2a}^{a+b} \tag{5-56}$$

当 $2a$ 很大时,为了计算方便,式(5-56)可以表示为连续函数的形式,即

$$P(a,b)\approx\frac{1}{\sqrt{\pi a}}\exp\left(-\frac{b^2}{a}\right) \tag{5-57}$$

显然,考虑了水平构造应力的颗粒体介质理论模型仍然符合概率分布,但是同等位置块体的移动概率减小,同一水平的颗粒移动范围扩大。水平构造应力越大,同等位置块体的移动概率越小,同一水平的颗粒移动范围越大,即厚层弱胶结砂岩破坏后,在高水平构造应力的作用下,破碎岩体向采空区方向剧烈移动,从而减小了有效的下沉空间,扩大了影响范围。

5.3 巨厚弱胶结覆岩深部开采上覆岩层破坏模式力学分析

在工作面开采初期,由于开采范围较小,直接顶(薄层弱胶结砂岩)发生梁式弯曲变形。当工作面为首采面时,直接顶可以看成固支梁。当开采相邻工作面时,直接顶可以看成简支

梁。简化的直接顶受力模型如图 5-5 所示。

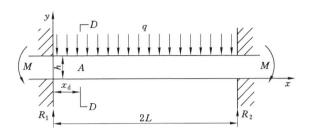

图 5-5 岩梁任意点应力分析

图中 D—D 截面为梁的任意截面，A 点为 D—D 截面上的任意点，则 A 点处拉应力和剪应力分别为：

$$\left.\begin{aligned}\sigma &= \frac{12\,M_D\,y}{h^3}\\[2mm]\tau_{xy} &= \frac{3}{2}\,Q_D h\left(\frac{h^2-4\,y^2}{h^3}\right)\end{aligned}\right\}\tag{5-58}$$

式中 σ ——A 点的正应力；

τ_{xy} ——A 点的剪应力；

M_D ——截面 D—D 处的弯矩；

Q_D ——截面 D—D 处的剪切力；

h ——A 点距离岩梁中性轴的距离；

y ——岩梁的厚度。

由材料力学可知，M_D 和 Q_D 表达式如式(5-59)所示。

$$\left.\begin{aligned}M_D &= \frac{q}{12}\left(12L\,x_d - 6\,x_d^2 - 4\,L^2\right)\\[2mm]Q_D &= qL\left(1-\frac{x_d}{L}\right)\end{aligned}\right\}\tag{5-59}$$

式中 q ——上覆岩层荷载；

$2L$ ——岩梁的跨度；

x_d ——沿 x 方向 D—D 截面距离坐标系原点的距离。

将式(5-59)代入式(5-58)可得 A 点的拉应力和剪应力，即

$$\left.\begin{aligned}\sigma &= \frac{q(12Lx - 6\,x^2 - 4\,L^2)\,y}{h^3}\\[2mm]\tau_{xy} &= \frac{3}{2}qLh\left(1-\frac{x}{L}\right)\left(\frac{h^2-4\,y^2}{h^3}\right)\end{aligned}\right\}\tag{5-60}$$

首采面直接顶可以看成固支梁，最大拉应力和最大剪应力均发生在悬空岩层的两端。当该处的拉应力或剪应力达到其极限抗拉强度或极限抗剪强度时，此处就会发生拉破坏或剪破坏。相邻工作面的直接顶可以看成简支梁，最大剪应力发生在悬空岩层的两端，最大拉应力发生在岩梁中间位置。当岩梁中间位置的拉应力率先达到极限抗拉强度时，岩梁中间位置发生拉破坏；当岩梁两端的剪应力率先达到其抗剪强度时，岩梁两端发

生剪切破坏。

厚层弱胶结砂岩发生"拱壳"式破坏,实际上是厚层弱胶结砂岩内部压力拱达到极限后发生破裂所表现出来的现象,所以,本书采用压力拱理论分析厚层弱胶结砂岩"拱壳"式破坏。压力拱受力模型如图5-6所示。

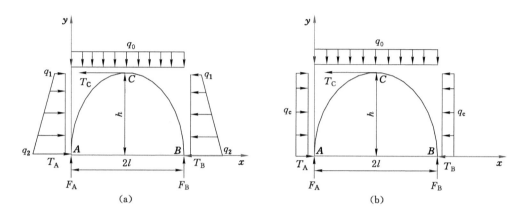

图 5-6　压力拱受力示意图

图5-6(a)所示的"压力拱"具有较好的抗压性能,但是抗弯性能较差,拱顶荷载q_0经轴线传递至前后的两个拱脚上。拱顶荷载包括拱体外上覆岩层自重及表土层附加荷载。图中q_1、q_2分别为扰动应力场和原岩应力场引起的侧荷载,T_C为拱顶水平推力,F_A和F_B为拱脚的支撑反作用力,T_A和T_B为拱脚水平推力。由于覆岩地应力是不均匀的,为便于计算,本书将侧荷载看作均布荷载,用q_c表示,如图5-6(b)所示。

在图5-6(b)中,假定压力拱曲线为抛物线,则压力拱抛物线方程可表示为:

$$y = -mx^2 + nx + d \tag{5-61}$$

将拱脚$A(0,0)$、拱脚$B(2l,0)$和拱顶$C(l,h)$3点的坐标代入式(5-61),则有:

$$y = -\frac{h}{l^2}x^2 + \frac{2h}{l}x \tag{5-62}$$

式中　$2l$——压力拱跨度;

　　　h——压力拱高。

根据A点、B点和C点3处的力平衡和力矩平衡条件可得方程式(5-63):

$$\left.\begin{aligned}
F_A 2l + q_c\frac{h^2}{2} - \frac{q_0(2l)^2}{2} - \frac{q_c h^2}{2} &= 0 \\
-F_B 2l - q_c\frac{h^2}{2} + \frac{q_0(2l)^2}{2} + \frac{q_c h^2}{2} &= 0 \\
\frac{F_A 2l}{2} - T_A h - \frac{q_c h^2}{2} - \frac{q_0 2l}{2}\frac{2l}{4} &= 0 \\
T_A + q_c h - T_B - q_c h &= 0
\end{aligned}\right\} \tag{5-63}$$

经过计算,拱脚处水平方向和竖直方向的反作用力为:

$$\left.\begin{aligned}
T_A = T_B &= \frac{q_0 l^2}{2h} - \frac{q_c h}{2} \\
F_A = F_B &= q_0 l
\end{aligned}\right\} \tag{5-64}$$

根据压力拱反力计算结果,依次建立拱迹线任意截面的弯矩、剪力和轴力平衡方程,进而求得该截面的弯矩、剪力和轴力。如图 5-7(a)所示,拱迹线 D 截面方向与水平方向的夹角为 α,D 截面的弯矩、剪力和轴力平衡方程为:

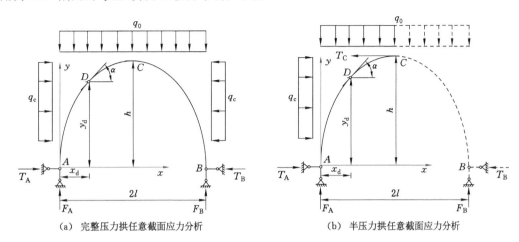

图 5-7　压力拱任意截面应力分析

$$
\left.
\begin{aligned}
M_{\mathrm{D}} &= F_{\mathrm{A}}\, x_{\mathrm{d}} - T_{\mathrm{A}}\, y_{\mathrm{d}} - \frac{q_0\, x_{\mathrm{d}}^2}{2} - \frac{q_{\mathrm{c}}\, y_{\mathrm{d}}^2}{2} \\
Q_{\mathrm{D}} &= (F_{\mathrm{A}} - q_0 x_{\mathrm{d}})\cos \alpha - (T_{\mathrm{A}} + q_{\mathrm{c}} y_{\mathrm{d}})\sin \alpha \\
F_{\mathrm{ND}} &= (F_{\mathrm{A}} - q_0 x_{\mathrm{d}})\sin \alpha + (T_{\mathrm{A}} + q_{\mathrm{c}} y_{\mathrm{d}})\cos \alpha
\end{aligned}
\right\}
\tag{5-65}
$$

式中　M_{D}——D 截面弯矩;

　　　Q_{D}——D 截面剪力;

　　　F_{ND}——D 截面轴力。

将式(5-64)代入式(5-65)得到 D 截面内的内力解析解:

$$
\left.
\begin{aligned}
M_{\mathrm{D}} &= q_0 x_{\mathrm{d}}\left(l - \frac{x_{\mathrm{d}}}{2}\right) - \left(\frac{q_0\, l^2}{2h} - \frac{q_{\mathrm{c}} h}{2} + \frac{q_{\mathrm{c}}\, y_{\mathrm{d}}}{2}\right) y_{\mathrm{d}} \\
Q_{\mathrm{D}} &= -q_0 \cos \alpha\, x_{\mathrm{d}} - q_{\mathrm{c}} \sin \alpha\, y_{\mathrm{d}} + q_0 l\cos \alpha - \left(\frac{q_0\, l^2}{2h} - \frac{q_{\mathrm{c}} h}{2}\right)\sin \alpha \\
F_{\mathrm{ND}} &= -q_0 \sin \alpha\, x_{\mathrm{d}} + q_{\mathrm{c}} \cos \alpha\, y_{\mathrm{d}} + q_0 l\sin \alpha - \left(\frac{q_0\, l^2}{2h} - \frac{q_{\mathrm{c}} h}{2}\right)\cos \alpha
\end{aligned}
\right\}
\tag{5-66}
$$

在工作面开采初期,随着工作面回采跨距的逐渐增大,采空区在覆岩中的压力拱跨度逐渐增大,压力拱逐渐向上发育,当压力拱中的应力达到厚层弱胶结砂岩极限强度时,厚层弱胶结砂岩将发生破坏,产生裂隙。由相关文献可知,压力拱的破坏模式包括压缩破坏、拉伸破坏、剪切破坏以及复合破坏 4 种模式。图 4-24(d)中的"拱壳"结构就是由于拱顶受压,达到了厚层弱胶结砂岩的极限抗压强度,从而发生压缩破坏。当开采范围达到一定程度后,裂隙拱不再继续向上发育,而是随着开采范围的不断扩大继续向前方发育。此时,工作面后方覆岩以半压力拱的形式发生破坏。经过分析,半压力拱力学模型与完整压力拱力学模型类似,所以其破坏模式与完整压力拱无异,如图 5-7(b)所示。半压力拱任意截面 D 的弯矩、剪力和轴力计算公式如式(5-66)所示。图 4-24(e)中的"半拱壳"结构就是由于拱腰位置受到上覆岩层垂直向下的荷载以及下伏岩层倾斜向上的作用力,达到了厚层弱胶结砂岩的极限抗剪强度,从而发生压剪破坏。

5.4 本章小结

本章结合关键层理论,分析了巨厚弱胶结覆岩岩层运动过程,并借助岩梁理论和随机介质的颗粒介质理论模型分析了水平构造应力影响巨厚弱胶结覆岩深部开采岩层运动规律的作用机理。另外,借助岩梁理论和压力拱理论,分析了巨厚弱胶结覆岩破坏模式,得到如下结论:

(1)结合关键层理论分析了巨厚弱胶结覆岩岩层运动过程,认为巨厚弱胶结覆岩运动的本质是多个岩层组的协同变形。营盘壕煤矿井田覆岩可分为 3 个岩层组,分别是以砂质泥岩 2 为关键层的岩层组 1,以直罗组砂岩为关键层的岩层组 2,以及以志丹群砂岩为关键层的岩层组 3。3 个岩层组的运动优先级别从高到低依次为岩层组 1、岩层组 2、岩层组 3。

(2)结合岩梁理论和随机介质的颗粒体介质理论模型,揭示了水平构造应力影响巨厚弱胶结覆岩深部开采岩层运动规律的作用机理。

① 在厚层弱胶结砂岩破坏前,水平构造应力和主要关键层结构之间的耦合作用增大了主要关键层结构的刚度,增大了其极限跨距,从而导致同等采动程度条件下巨厚弱胶结覆岩深部开采地表下沉量明显偏小。在厚层弱胶结砂岩破坏后,在高水平应力的作用下,破碎岩体向采空区方向剧烈移动,从而减小了有效的下沉空间。

② 考虑了水平构造应力的颗粒体介质理论模型仍然符合概率分布,但是同等位置块体的移动概率减小,同一水平的颗粒移动范围扩大。水平构造应力越大,同等位置块体的移动概率越小,同一水平的颗粒移动范围越大,即厚层弱胶结砂岩破坏后,在高水平应力的作用下,破碎岩体向采空区方向剧烈移动,增大了影响范围。

(3)结合岩梁理论和压力拱理论,分析了巨厚弱胶结覆岩破坏模式,推导出岩梁任意截面上任意点的拉应力和剪应力方程,建立了拱迹线任意截面的弯矩、剪力和轴力平衡方程。

6 巨厚弱胶结覆岩深部开采区域性岩层移动控制方法及影响因素分析

根据前文的研究可知,当开采范围较小,地表处于极不充分采动状态时,巨厚弱胶结覆岩深部开采地表下沉量明显偏小,随着开采范围的不断扩大,上覆岩层存在突然、跳跃式下沉的现象。在上覆岩层运动过程中,必然存在能量积聚和释放现象,而围岩内部弹性能的积聚是引起冲击地压的诱因之一。本章在分析巨厚弱胶结覆岩深部开采能量积聚演化特征的基础上,结合巨厚弱胶结覆岩深部开采岩层运动规律及破坏特征,提出合理的开采方案,从而降低覆岩动力显现强度和地表破坏程度,为面向区域性岩层移动控制的巨厚弱胶结覆岩深部开采采区工作面布置提供参考。

6.1 巨厚弱胶结覆岩深部开采能量积聚演化规律

本节主要以弹性能为表征量,研究巨厚弱胶结覆岩深部开采岩层运动中的能量积聚演化规律。

根据相关文献可知[159],不考虑煤岩体损伤时,可释放弹性能 U 可以表达成下式:

$$U = \frac{1}{2}\,\sigma_1\,\varepsilon_1 + \frac{1}{2}\,\sigma_2\,\varepsilon_2 + \frac{1}{2}\,\sigma_3\,\varepsilon_3 \tag{6-1}$$

式中　ε_i——3 个主应力方向上的弹性总应变,$\varepsilon_i = \frac{1}{E_i}[\sigma_i - \vartheta_i(\sigma_j + \sigma_k)]$,其中 ϑ_i 为泊松比,$i = 1, 2, 3$。

将 ε_i 表达式代入式(6-1)可得式(6-2)[160]:

$$U = \frac{1}{2}\left\{\frac{\sigma_1^2}{E_1} + \frac{\sigma_2^2}{E_2} + \frac{\sigma_3^2}{E_3} - \vartheta\left[\left(\frac{1}{E_1} + \frac{1}{E_2}\right)\sigma_1\,\sigma_2 + \left(\frac{1}{E_2} + \frac{1}{E_3}\right)\sigma_2\,\sigma_3 + \left(\frac{1}{E_1} + \frac{1}{E_3}\right)\sigma_1\,\sigma_3\right]\right\}$$

$$\tag{6-2}$$

对于损伤岩体,岩体卸载 E_i 对弹性模量会产生影响,二者的关系为:

$$E_i = a_i E_0 \tag{6-3}$$

式中　E_0——单元体无损伤时的初始弹性模量;

　　a_i——折减系数。

假设泊松比 ϑ 不受损伤影响,将式(6-3)代入式(6-2)可得:

$$U = \frac{1}{2E_0}\left\{\frac{\sigma_1^2}{a_1} + \frac{\sigma_2^2}{a_2} + \frac{\sigma_3^2}{a_3} - \vartheta\left[\left(\frac{1}{a_1} + \frac{1}{a_2}\right)\sigma_1\,\sigma_2 + \left(\frac{1}{a_2} + \frac{1}{a_3}\right)\sigma_2\,\sigma_3 + \left(\frac{1}{a_1} + \frac{1}{a_3}\right)\sigma_1\,\sigma_3\right]\right\}$$

$$\tag{6-4}$$

为便于计算,本书忽略岩体卸载损伤对弹性模量和泊松比的影响,则式(6-4)可表示成式(6-5)[161]:

$$U = \frac{1}{2E_0}[\sigma_1^2 + \sigma_2^2 + \sigma_3^2 - 2\vartheta(\sigma_1\sigma_2 + \sigma_2\sigma_3 + \sigma_1\sigma_3)] \tag{6-5}$$

由式(6-5)可知,采用 FISH 语言二次开发后处理程序,提取 FLAC 3D 数值模型中的能量值,导入到 Tecplot10.0 软件中显示。下面借助开发的后处理程序,分析巨厚弱胶结覆岩深部开采岩层运动中的能量积聚演化规律。

本小节通过建立三维数值模型(模型长 4 500 m,宽 4 500 m,高 763 m),模型边界条件如 3.2 节所述。工作面面长为 300 m,走向推进距离为 2 500 m,区段煤柱宽 25 m,连续开采 8 个工作面,岩层运动中能量积聚分布特征如图 6-1~图 6-8 所示。

由图 6-1 可知,开采第 1 个工作面后,最大能量积聚值为 450 kJ,发生在采空区两侧煤壁,此时能量积聚以压缩应变能为主。志丹群砂岩内部有轻微的压缩应变能积聚,志丹群砂岩未发生破坏,志丹群砂岩及其上覆岩层发生整体同步弯曲变形。此时,采空区两侧煤壁有来压显现发生。

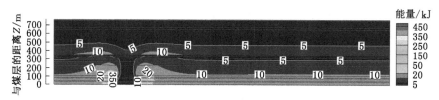

图 6-1　单工作面开采能量积聚分布特征

由图 6-2 可知,开采第 2 个工作面后,最大能量积聚值为 1 300 kJ,发生在区段煤柱附近,此时能量积聚仍以压缩应变能为主。在采空区正上方,志丹群砂岩上部发生压缩应变能积聚现象。这是由于志丹群砂岩在距离采空区两侧较远端发生较为剧烈的拉伸破坏,发生较大的弯曲变形,其上部岩层发生挤压,从而产生能量积聚现象。此时,上覆岩层发生剧烈下沉,由于区段煤柱填充了岩层移动的空间,故发生了剧烈压缩应变能积聚现象。上覆岩层荷载进一步向采空区两侧转移,采空区两侧煤壁能量积聚程度继续提高。

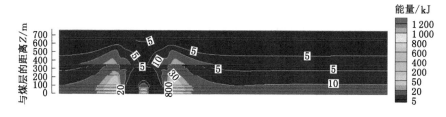

图 6-2　2 个工作面连续开采能量积聚分布特征

由图 6-3 可知,开采第 3 个工作面时,最大能量积聚值为 3 400 kJ,发生在区段煤柱附近。志丹群砂岩内部发生大范围能量积聚现象,甚至在采空区正上方的表土层内部也发生能量积聚现象,与图 6-2 所示能量分布有明显差异。此时,志丹群砂岩次生平衡结构失稳,释放了较多的能量,志丹群砂岩及其上覆岩层向采空区方向发生剧烈运动,岩层内部相互挤压,又产生了能量积聚现象。同时,志丹群砂岩能量积聚范围出现拱形能量消散区,这是由于志丹群砂岩底部拱壳式破坏加剧,而由于拱结构的特殊形态,拱结构内部并未发生挤压现象,不产生能量积聚,或者挤压程度较小,这里被称为"拱内能量虚无区"。此时,地表发生跳跃式下沉,冲击地压显现剧烈,甚至会发生大型矿震。

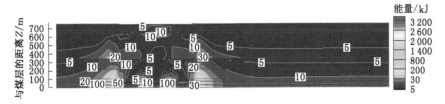

图 6-3　3 个工作面连续开采能量积聚分布特征

由图 6-4 可知,开采第 4 个工作面后,最大能量积聚值为 4 500 kJ,发生在区段煤柱附近。志丹群砂岩及其上覆岩层能量积聚范围进一步扩大,"拱内能量虚无区"范围急剧缩小。这说明志丹群砂岩继续破坏,志丹群砂岩及其上覆岩层继续向采空区方向运动。岩层之间的相互作用更加强烈,岩层内部的空隙缩小。此时,地表移动变形仍然处于比较活跃的阶段。

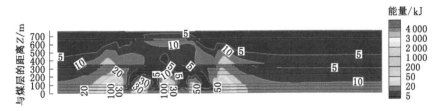

图 6-4　4 个工作面连续开采能量积聚分布特征

由图 6-5 可知,开采第 5 个工作面后,最大能量积聚值为 5 000 kJ,发生在区段煤柱附近。志丹群砂岩及其上覆岩层能量积聚范围进一步扩大,"拱内能量虚无区"消失。这说明志丹群砂岩及其上覆岩层继续向采空区方向运动。岩层之间的相互作用进一步增强,岩层内部的空隙进一步缩小。此时,地表下沉处于衰退阶段。

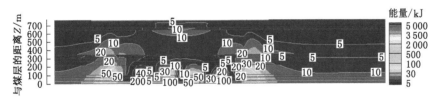

图 6-5　5 个工作面连续开采能量积聚分布特征

由图 6-6～图 6-8 可知,连续开采 6 个工作面后最大能量积聚值为 6 000 kJ,连续开采 7 个工作面后最大能量积聚值为 6 500 kJ,连续开采 8 个工作面后最大能量积聚值为 7 000 kJ,且均发生在区段煤柱附近。随着采空区范围的不断扩大,志丹群砂岩及其上覆岩层能量积聚范围进一步扩大,较高能量的积聚范围逐渐缩小,最后消失。这说明,采空区上方志丹群砂岩及其上覆岩层运动状态趋于稳定,岩层之间的相互作用有所减弱。此时,地表逐渐形成下沉盆地。

为直观分析巨厚弱胶结覆岩深部多工作面开采最大地表下沉量和最大能量积聚值与采空区宽度之间的关系,统计了不同采空区宽度对应的最大地表下沉量和最大能量积聚值

图 6-6　6 个工作面连续开采能量积聚分布特征

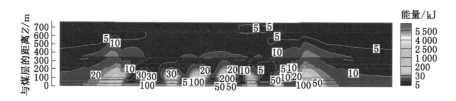

图 6-7　7 个工作面连续开采能量积聚分布特征

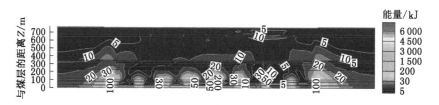

图 6-8　8 个工作面连续开采能量积聚分布特征

(表 6-1),并绘制了采空区宽度与最大能量积聚值关系曲线图,同时绘制了采空区宽度与最大地表下沉量关系曲线图,如图 6-9 所示。

表 6-1　不同采宽对应的最大地表下沉量和最大能量积聚值

开采范围	采宽 300 m	采宽 625 m	采宽 950 m	采宽 1 275 m	采宽 1 600 m	采宽 1 925 m	采宽 2 250 m	采宽 2 575 m
最大地表下沉量/mm	295	1 499	3 689	4 849	4 899	5 154	5 295	5 400
最大能量积聚值/kJ	450	1 300	3 400	4 500	5 000	6 000	6 500	7 000

根据图 6-9(a)可知,随着采空区宽度的增大,最大地表下沉量逐渐增大。根据 Origin 拟合结果可知,采空区宽度与最大地表下沉量 W_{max} 呈 Boltzmann 函数关系,相关系数 $R^2 = 0.993$,相应数学关系式如式(6-6)所示,式中的 x 为采宽。

$$W_{max} = 5\ 223 - \frac{5\ 379}{1 + e^{\frac{x-777}{196}}} \tag{6-6}$$

根据图 6-9(b)可知,随着采空区宽度的增大,最大能量积聚值逐渐增大。根据 Origin 拟合结果可知,采空区宽度与最大能量积聚值 E_{max} 呈抛物线关系,相关系数 $R^2 = 0.984$,相应数学关系式如式(6-7)所示,式中的 x 为采宽。

$$E_{max} = 5.49x + 0.001\ x^2 - 1\ 293.5 \tag{6-7}$$

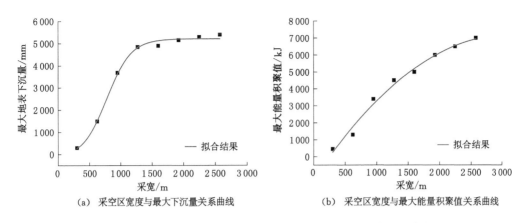

(a) 采空区宽度与最大下沉量关系曲线　　　　(b) 采空区宽度与最大能量积聚值关系曲线

图 6-9　采空区宽度与最大地表下沉量及最大能量积聚值关系曲线

通过对比发现,虽然随着采空区宽度的增大,相应的最大地表下沉量和最大能量积聚值也相应增大,但是采空区宽度和最大地表下沉量之间的数学关系与采空区宽度和最大能量积聚值之间的数学关系明显不同。

6.2　巨厚弱胶结覆岩深部开采区域性岩层移动及地表沉陷控制方案设计

根据巨厚弱胶结覆岩深部开采上覆岩层能量积聚特点及破坏规律,本书提出了基于主关键层结构的部分充填开采区域性岩层移动控制方法,从而降低了覆岩动力显现强度和地表破坏程度。开采方案设计示意图如图 6-10 所示。

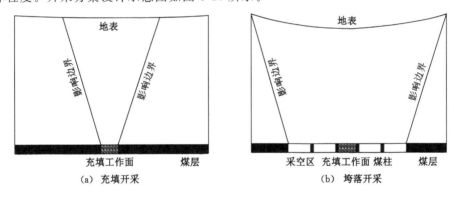

(a) 充填开采　　　　　　　　　　(b) 垮落开采

图 6-10　基于主关键层结构的部分充填开采设计方案示意图

首先,参考有关文献确定矸石充填区物理力学参数[162],见表 6-2,并结合等价采高原理对模型参数进行验证[163]。

表 6-2　充填区物理力学参数

力学参数	体积模量/GPa	剪切模量/GPa	摩擦角/(°)	内聚力//MPa	密度/(kg/m³)	泊松比
煤层	1.35	0.587	6	8.89	1 210	0.31
矸石充填区	0.21	0.095	28	2.00	1 500	0.30

然后,借助 FLAC 3D 数值模拟分析软件,建立基于主关键层的部分充填开采三维数值模型,模拟开采 8 个工作面。模型及开挖参数见表 6-3。

表 6-3　基于主关键层的部分充填开采开挖参数

开采顺序	工作面	X/m	Y/m	开采方式
第二阶段	2201	750~1 050	750~3 250	垮落开采
	2202	1 075~1 375	750~3 250	垮落开采
第一阶段	2203	1 400~1 700	750~3 250	充填开采
第二阶段	2204	1 725~2 025	750~3 250	垮落开采
	2205	2 050~2 350	750~3 250	垮落开采
第一阶段	2206	2 375~2 675	750~3 250	充填开采
第二阶段	2207	2 700~3 000	750~3 250	垮落开采
	2208	3 025~3 325	750~3 250	垮落开采

通过数值模拟分析,基于主关键层的部分充填开采岩层应力分布特征如图 6-11 所示。

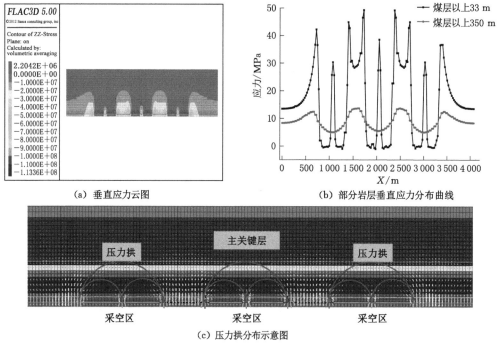

（a）垂直应力云图　　　　　（b）部分岩层垂直应力分布曲线

图 6-11　基于主关键层的部分充填开采应力场分布示意图

由图 6-11(a)可知,充填工作面与区段煤柱形成的复合充填体结构将整个采区划分成相互独立的 3 个非充分采动空间,并充当宽隔离煤柱支撑上覆岩层荷载。每一个独立的采空区都由两个垮落工作面组成。单一工作面垮落开采后,上方岩体破断垮落,形成垮落裂缝带,亚关键层限制了垮落裂缝带继续向上发育,亚关键层及其上覆岩层荷载向两侧转移并在垮落工作面两侧煤层集中,在亚关键层下部形成压力拱。连续两个工作面开采后,垮落裂缝带继续向上发育,主关键层及其上覆岩层荷载向两侧转移并在采空区两侧煤壁集中,在主关键层下方形成大应力拱。同时,在单一工作面上方形成双峰小压力拱,拱顶稍微向上发育,如图 6-11(c)所示。

根据图 6-11(b)可知,复合充填体应力分布曲线为抛物线,两侧高中间低,且复合充填体内侧的应力达到 49.3 MPa,较外侧的应力值 44.9 MPa 稍大。复合充填体中区段煤柱垂直应力最大值大于采空区两侧煤壁垂直应力最大值 42.2 MPa。2204 工作面和 2205 工作面区段煤柱垂直应力为 38.5 MPa,2201 工作面、2202 工作面,以及 2207 工作面和 2208 工作面区段煤柱垂直应力均为 30.4 MPa。上覆岩层荷载沿应力拱向两侧转移,采空区上方形成应力释放区。主关键层底部垂直应力分布曲线为波浪线,垂直应力最大值为 13.5 MPa,最小值为 4.9 MPa。

通过数值模拟分析,基于主关键层的部分充填开采岩层位移分布特征如图 6-12 所示。

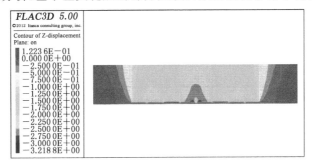

图 6-12　基于主关键层的部分充填开采岩层位移分布特征

为更直观地分析基于主关键层结构的部分充填开采不同埋深岩层下沉规律,提取距离煤层 104 m、350 m、650 m 和地表的下沉数据并绘制相关曲线,如图 6-13 所示。由图 6-13 可知,随着距离煤层高度的增大,岩层下沉趋势渐渐缓和,但仍然发育至地表。这种波浪线

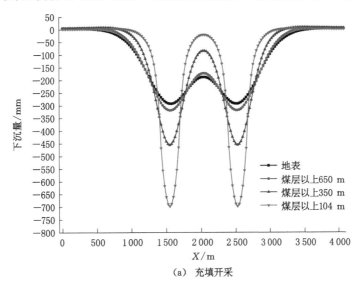

(a) 充填开采

图 6-13　基于主关键层的部分充填开采不同埋深岩层下沉曲线

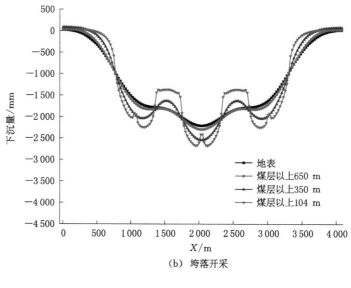

（b）垮落开采

图 6-13 （续）

形下沉趋势与采空区的宽度以及充填工作面的宽度等因素有关,详见下文。

6.3 基于主关键层的部分充填开采岩层移动和能量积聚控制效果主要影响因素研究

6.3.1 基于主关键层的部分充填开采岩层移动和能量积聚控制效果主要影响因素分析

巨厚弱胶结覆岩下煤层开采引起的岩层运动是一个复杂的时间与空间相结合的问题,是在多种因素影响下发生的。它是由上覆岩层的岩性、采深、采厚等地质采矿条件,开采方式,采动空间等因素共同决定的。基于主关键层的部分充填开采岩层移动和能量积聚控制方法充分利用了关键层的控制作用和部分充填开采的优势,同时也受相应影响因素的制约。通过综合分析,主要影响因素分为采充留尺寸、充填技术和地质采矿条件 3 类,如图 6-14 所示。

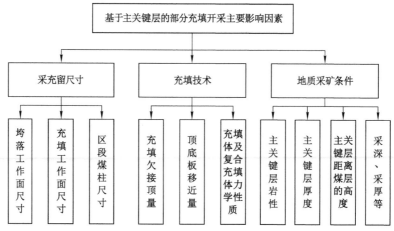

图 6-14 基于主关键层的部分充填开采地表沉陷及能量积聚控制影响因素

（1）采充留尺寸

采充留尺寸包括充填工作面尺寸、垮落工作面尺寸和区段煤柱尺寸等，与煤炭采出量、复合充填体的稳定性以及上覆岩层移动特征有直接关系，是影响岩层移动与能量积聚控制的主要因素。

（2）充填技术

充填技术因素包括充填欠接顶量、顶底板移近量、充填体力学性质和复合充填体力学性质。充填欠接顶量指充填体与顶板之间的空隙，一般在 $0\sim650$ mm。顶底板移近量指煤层采出后未及时充填造成的顶底板向采空区的移动量，一般为 $100\sim400$ mm，对于深部开采来说，该值可能略有偏大。充填体的力学性质及复合充填体的力学性质对岩层移动与能量积聚控制有直接影响。本书提出的岩层移动与能量积聚控制方法旨在达到控制效果的同时，消化井下矸石，使矸石不上井。因此，本书提出的充填体主要指矸石，复合充填体指矸石与留设区段煤柱组成的复合支撑结构。矸石块体的大小、碎胀性等对矸石以及复合支撑结构的力学性质有显著影响。

（3）地质采矿条件

本书提出的地质采矿条件包括主关键层的岩性、厚度、距离煤层的高度，采深和采厚等因素，这些因素对基于主关键层的部分充填开采控制方法都有显著的影响。

通过以上分析可知，地质采矿条件是无法人为改变的影响因素，充填技术和采充留尺寸却可以通过后天努力合理设计。

本书仅以营盘壕煤矿为例，研究充填技术和采充留尺寸对基于主关键层的部分充填开采方法控制效果的影响。

6.3.2 充填率对地表沉陷及能量积聚控制效果的影响

充填技术中影响岩层移动及能量积聚控制的因素较多，但其本质是影响顶板有效下沉空间。因此，本书通过改变充填率来模拟研究充填技术对地表沉陷控制效果的影响，具体研究方案见表 6-4。

表 6-4　充填率对地表沉陷及能量积聚影响研究方案

隔离煤柱宽度/m	垮落工作面宽度/m	充填工作面宽度/m	充填率/%	走向长度/m
25	300	300	90	2 490
			80	
			70	
			60	

根据表 6-4 的设计方案，借助 FLAC 3D 数值模拟分析软件进行研究，提取相应岩层和地表的下沉数据及能量积聚值，绘制相应的下沉曲线和能量分布图，如图 6-15、图 6-16 所示。

为直观分析充填率变化对基于主关键层的部分充填开采地表沉陷及能量积聚控制效果的影响，统计了不同充填率对应的最大地表下沉量和最大能量积聚值（表 6-5），并绘制相应的关系曲线图，如图 6-17 所示。

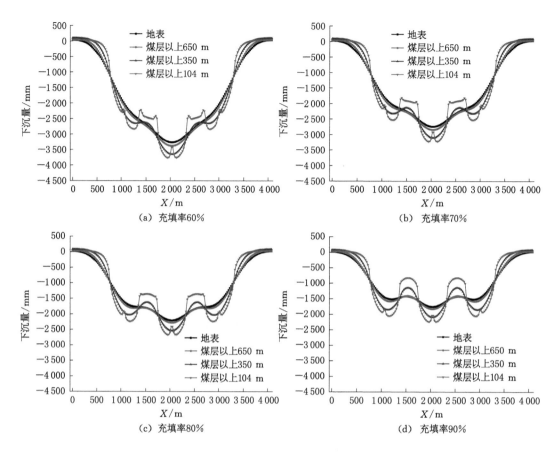

图 6-15　不同充填率下基于主关键层的部分充填开采岩层及地表下沉规律

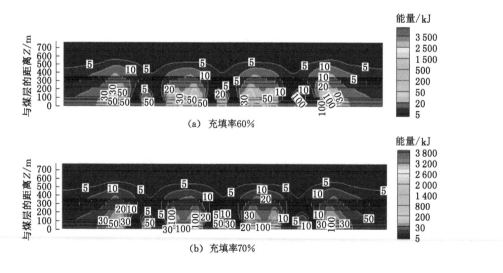

图 6-16　充填率变化对基于主关键层的部分充填开采能量积聚分布特征的影响

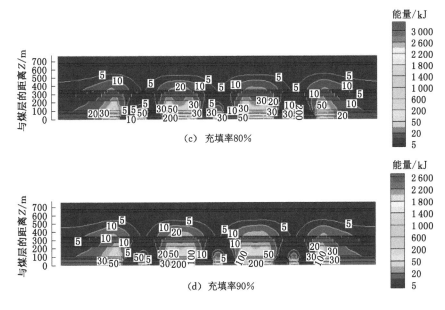

图 6-16 （续）

表 6-5 不同充填率对应的最大地表下沉量及最大能量积聚值

固定参数	充填率/%	最大下沉量/mm	最大能量积聚值/kJ
垮落开采工作面宽度 300 m，充填开采工作面宽度 300 m，区段煤柱宽度 25 m	60	−3 267	4 000
	70	−2 742	3 800
	80	−2 211	3 200
	90	−1 758	2 600

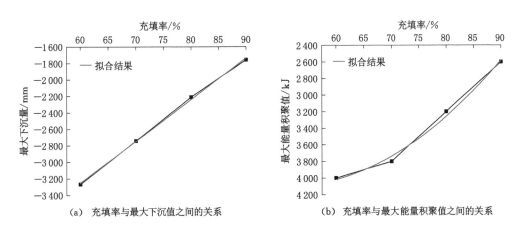

图 6-17 充填率对基于主关键层的部分充填开采控制效果的影响

由图 6-17(a)可知，随着充填率的增大，最大地表下沉量逐渐减小，根据 Origin 拟合结果，最大地表下沉量与充填率呈线性相关关系，线性关系系数 $R^2 = 0.998$，线性表达式如式(6-8)所示，式中的 x 为充填率。

$$W_{max} = 5\ 058x - 6\ 288 \tag{6-8}$$

由图 6-17(b)可知,随着充填率的增大,最大能量积聚值逐渐减小,最大能量积聚值与充填率之间呈抛物线相关关系,相关系数 $R^2 = 0.98$,相应关系表达式为:

$$E_{max} = 10\,200x - 10\,000\,x^2 + 1\,500 \tag{6-9}$$

由表 6-5 可知,当充填率由 60% 增大到 90% 时,最大地表下沉量减小 1 509 mm,最大能量积聚值减小 1 400 kJ,这表明充填率对地表下沉量和能量积聚影响较大。因为,部分充填开采充填率增大,使得上覆岩层的有效下沉空间减小,类似于采高原理中的采高减小,从而导致地表下沉量和能量积聚变化较大。

6.3.3 采充留尺寸对地表沉陷及能量积聚控制效果的影响

（1）充填工作面宽度

根据充填工作面尺寸对地表沉陷及能量积聚影响的研究方案(表 6-6),借助 FLAC 3D 数值模拟分析软件进行研究,提取不同埋深岩层和地表的下沉数据及能量积聚值,绘制相应的下沉曲线和能量分布图,如图 6-18、图 6-19 所示。

表 6-6 充填工作面尺寸对地表沉陷及能量积聚影响的研究方案

隔离煤柱宽度/m	垮落工作面宽度/m	充填工作面宽度/m	充填率/%	走向长度/m
25	300	150	80	2 490
		200		
		250		
		300		

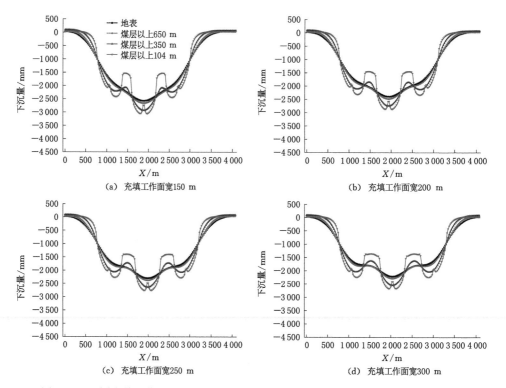

图 6-18 不同充填工作面尺寸下基于主关键层的部分充填开采岩层及地表下沉规律

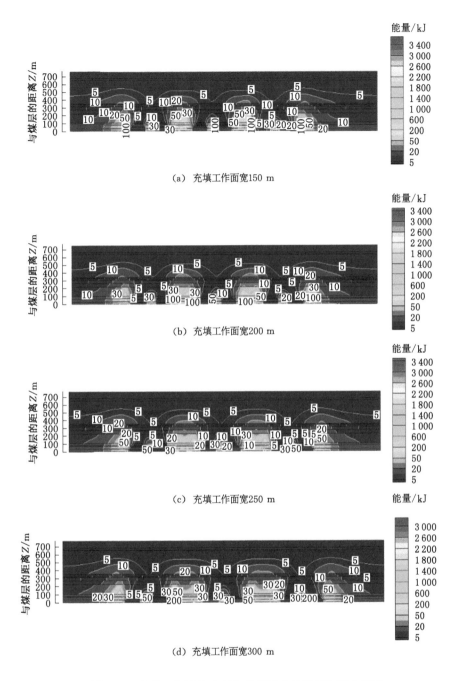

(a) 充填工作面宽150 m

(b) 充填工作面宽200 m

(c) 充填工作面宽250 m

(d) 充填工作面宽300 m

图 6-19　充填工作面尺寸变化对基于主关键层的部分充填
开采能量积聚演化规律的影响

　　为直观分析充填工作面尺寸变化对基于主关键层的部分充填开采地表沉陷及能量积聚控制效果的影响,统计了不同充填工作面尺寸对应的最大地表下沉量和最大能量积聚值(表 6-7),并绘制相应的关系曲线图(图 6-20)。

表 6-7　不同充填工作面尺寸下最大地表下沉量及最大能量积聚值

固定参数	充填工作面宽度/m	最大下沉量/mm	最大能量积聚值/kJ
垮落开采工作面宽度 300 m,充填率 80%,区段煤柱宽度 25 m	150	−2 576	3 600
	200	−2 397	3 400
	250	−2 300	3 400
	300	−2 211	3 200

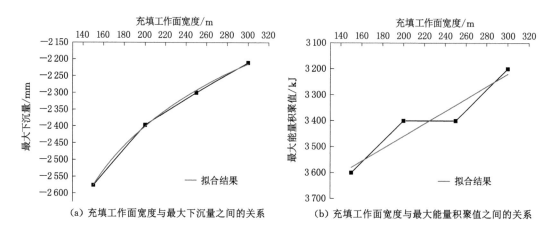

(a) 充填工作面宽度与最大下沉量之间的关系　　(b) 充填工作面宽度与最大能量积聚值之间的关系

图 6-20　充填工作面宽度对基于主关键层的部分充填开采控制效果的影响

由图 6-20(a)可知,随着充填工作面尺寸的增大,最大地表下沉量逐渐减小,根据 Origin 拟合结果,充填工作面尺寸与最大下沉量之间呈对数函数关系,相关系数 $R^2=0.997$,相应数学表达式如式(6-10)所示,式中的 x 为充填工作面尺寸。

$$W_{\max} = -3\,771 - 291\ln(x - 89) \qquad (6\text{-}10)$$

由图 6-20(b)可知,随着充填工作面尺寸的增大,最大能量积聚值基本呈逐渐减小的趋势,根据 Origin 拟合结果,充填工作面尺寸与最大能量积聚值之间基本呈线性关系,线性相关系数 $R^2=0.85$,相应数学表达式为:

$$E_{\max} = -2.4x + 3940 \qquad (6\text{-}11)$$

由表 6-7 可知,当充填工作面宽度由 150 m 增大到 300 m 时,地表最大下沉量减小 365 mm,最大能量积聚值减小 400 kJ。随着充填工作面尺寸的增大,充填工作面两侧采空区的相互响应程度逐渐减小,逐渐形成相互独立的非充分采动空间,地表采动程度也逐渐下降,区段煤柱承受的上覆岩层荷载相应减小。与其他因素相比,充填工作面宽度对地表下沉和能量积聚影响较小,不是主要的影响因素。

(2) 垮落工作面宽度

根据表 6-8 的设计方案,借助 FLAC 3D 数值模拟分析软件进行研究,提取不同埋深岩层下沉数据、地表下沉数据和能量积聚值,绘制相应的下沉量变化曲线和能量分布图,如图 6-21、图 6-22 所示。

表 6-8　垮落工作面宽度对地表沉陷及能量积聚影响的研究方案

隔离煤柱宽度/m	垮落工作面宽度/m	充填工作面宽度/m	充填率/%	走向长度/m
25	200	150	80%	2 490
	250			
	300			
	350			

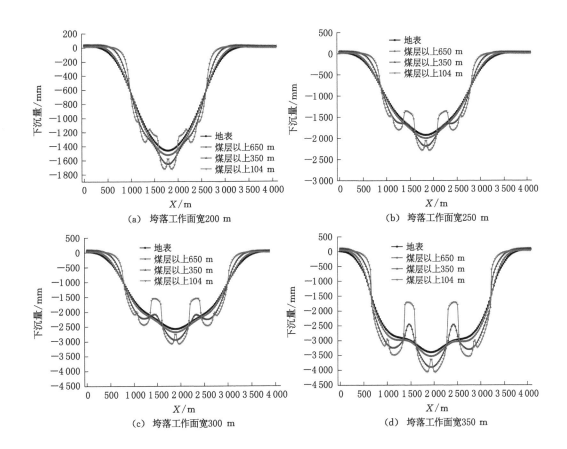

(a) 垮落工作面宽200 m

(b) 垮落工作面宽250 m

(c) 垮落工作面宽300 m

(d) 垮落工作面宽350 m

图 6-21　不同垮落工作面宽度下基于主关键层的部分充填开采岩层及地表下沉规律

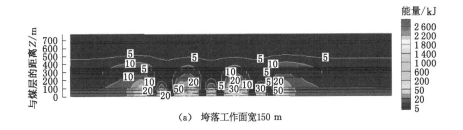

(a) 垮落工作面宽150 m

图 6-22　垮落工作面宽度变化对基于主关键层的部分充填开采能量积聚演化规律的影响

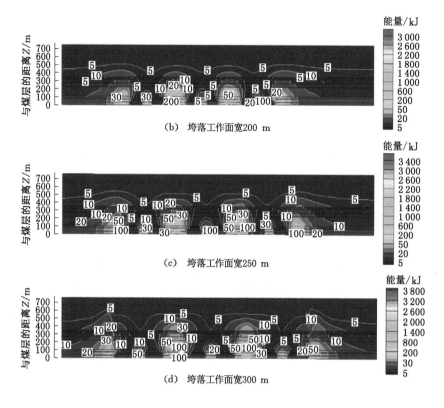

(b) 垮落工作面宽200 m

(c) 垮落工作面宽250 m

(d) 垮落工作面宽300 m

图 6-22 （续）

为直观分析垮落工作面尺寸变化对基于主关键层的部分充填开采地表沉陷及能量积聚控制效果的影响,统计了不同垮落工作面尺寸对应的最大地表下沉量和最大能量积聚值(表 6-9),并绘制了相应的关系曲线图(图 6-23)。

表 6-9　不同垮落工作面宽度下最大地表下沉量及最大能量积聚值

固定参数	垮落工作面宽度/m	最大下沉量/mm	最大能量积聚值/kJ
充填开采工作面宽度 150 m,充填率 80%,区段煤柱宽度 25 m	200	−1 460	2 800
	250	−1 921	3 200
	300	−2 576	3 600
	350	−3 399	3 800

由图 6-23(a)可知,随着垮落工作面宽度的增大,最大地表下沉量逐渐增大,根据 Origin 拟合结果,垮落工作面宽度与最大下沉量之间呈抛物线关系,相关系数 $R^2 = 0.999$,相应的数学关系式如式(6-12)所示,式中的 x 为垮落工作面宽度。

$$W_{max} = 6.97x - 0.04 x^2 - 1 403.9 \tag{6-12}$$

由图 6-23(b)可知,随着垮落工作面宽度的增大,最大能量积聚值基本呈逐渐增大的趋势,根据 Origin 拟合结果,垮落工作面宽度与最大能量积聚值之间基本呈抛物线关系,相关系数 $R^2 = 0.989$,相应的数学表达式为:

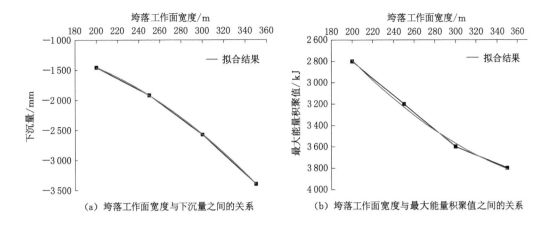

（a）垮落工作面宽度与下沉量之间的关系　　　（b）垮落工作面宽度与最大能量积聚值之间的关系

图 6-23　垮落工作面宽度变化对基于主关键层的部分充填开采控制效果的影响

$$E_{\max} = 17.8x - 0.02\,x^2 + 30 \tag{6-13}$$

由表 6-9 可知，当垮落工作面宽度由 200 m 增大到 350 m 时，最大地表下沉量增大 1 939 mm，最大能量积聚值增大 1 000 kJ，二者均有明显变化。随着垮落工作面尺寸的增大，采空区的采动程度明显增大，上覆岩层的破坏高度迅速增大，破坏范围迅速扩大，且相邻采空区的相互影响程度明显增大，地表采动程度明显增大，区段煤柱承受的上覆岩层荷载增大。与其他因素相比，垮落工作面宽度对地表下沉和能量积聚影响较大，是主要的影响因素。

（3）区段煤柱宽度

根据表 6-10 的设计方案，借助 FLAC 3D 数值模拟分析软件进行研究，提取不同埋深岩层下沉数据、地表下沉数据和能量积聚值，绘制相应的下沉量变化曲线和能量分布图，如图 6-24、图 6-25 所示。

表 6-10　区段煤柱宽度对地表沉陷及能量积聚影响的研究方案

隔离煤柱宽度/m	垮落工作面宽度/m	充填工作面宽度/m	充填率/%	走向长度/m
25				
30	300	300	80	2 490
50				
60				

为直观分析区段煤柱宽度对基于主关键层的部分充填开采地表沉陷及能量积聚控制效果的影响，统计了不同区段煤柱宽度对应的最大地表下沉量和最大能量积聚值（表 6-11），并绘制了相应的关系曲线图（图 6-26）。

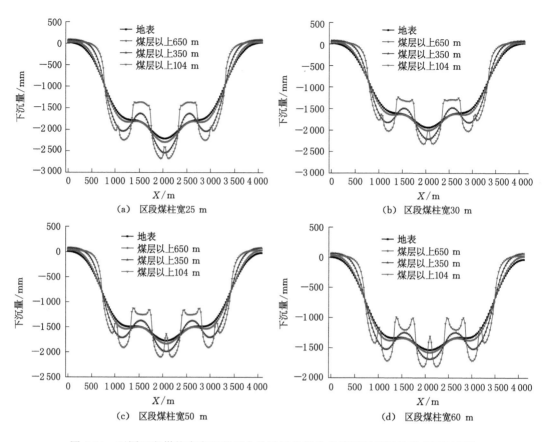

图 6-24　不同区段煤柱宽度下基于主关键层的部分充填开采岩层及地表下沉规律

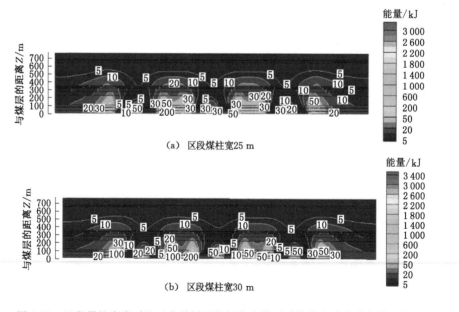

图 6-25　区段煤柱宽度对基于主关键层的部分充填开采能量积聚演化规律的影响

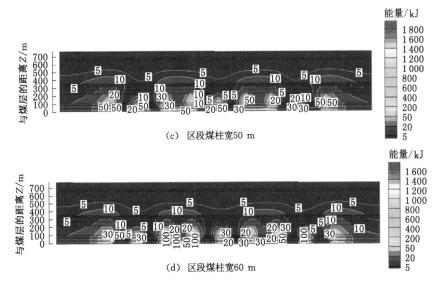

(c) 区段煤柱宽50 m

图 6-25 （续）

表 6-11 不同区段煤柱宽度下地表下沉量及最大能量积聚值

固定参数	区段煤柱宽度/m	最大下沉量/mm	最大能量积聚值/kJ
充填垮落开采工作 面宽度 300 m， 充填率 80%	25	2 211	3 200
	30	1 939	3 400
	50	1 773	1 900
	60	1 537	1 700

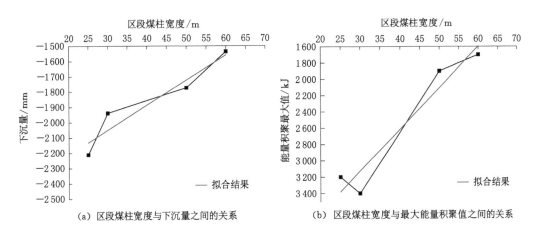

(a) 区段煤柱宽度与下沉量之间的关系

(b) 区段煤柱宽度与最大能量积聚值之间的关系

图 6-26 区段煤柱宽度对基于主关键层的部分充填开采控制效果的影响

由图 6-26(a)可知，随着区段煤柱宽度的增大，最大地表下沉量逐渐减小，根据 Origin 拟合结果，区段煤柱宽度与最大下沉量之间基本呈线性递减关系，相关系数 $R^2 = 0.87$，相应数学关系如式(6-14)所示，式中的 x 为区段煤柱宽度。

$$W_{max} = 16.4x - 2\,450.6 \tag{6-14}$$

由图 6-26(b)可知,随着区段煤柱宽度的增大,最大能量积聚值逐渐减小,根据 Origin 拟合结果,区段煤柱宽度与最大下沉量之间基本呈线性递减的关系,相关系数 $R^2 = 0.89$,相应数学关系式为:

$$E_{\max} = -51x + 4\ 653.4 \tag{6-15}$$

由表 6-11 可知,当区段煤柱宽度由 25 m 增大到 60 m 时,地表最大下沉量减小 674 mm,最大能量积聚值增大 1 500 kJ,最大地表下沉量没有明显变化,而最大能量积聚值有明显变化。随着区段煤柱宽度的增大,区段煤柱进一步限制了上覆岩层向上发育,破坏范围逐渐减小,且相邻采空区的相互影响程度略有减小,地表采动程度略有减小。与其他因素相比,区段煤柱宽度对地表下沉量影响较小,是次要的影响因素;区段煤柱宽度对能量积聚影响较大,是主要的影响因素。

6.3.4 基于主关键层的部分充填开采岩层移动和能量积聚控制因素综合分析

根据上述分析可知,充填率、垮落工作面宽度、充填工作面宽度和区段煤柱宽度等因素对岩层移动和能量积聚的影响程度是不同的。为了确定这些影响因素的主次关系,需要将上述影响因素进行综合分析。为了消除不同影响因素单位之间的差异,本书采用极差标准化方法对各影响因素进行无量纲化,进而转化成 0 到 1 之间的数值。极差标准化方法公式为:

$$x'_j = \frac{x_i - \min x_i}{\max x_i - \min x_i} \tag{6-16}$$

式中 x_i——目标参数;

$\min x_i$——目标参数实际最小值;

$\max x_i$——目标参数实际最大值。

无量纲化各因素之前,需要确定各因素的取值范围。参考深部长壁垮落法开采的相关实例,深部垮落法工作面宽度最大达 400 m,则垮落工作面宽度的取值范围为 0~400 m,相应充填工作面宽度的取值范围也为 0~400 m,区段煤柱宽度的取值范围为 0~60 m。受限于当前的充填开采技术和工艺,工作面充填率的取值范围为 50%~95%。对各影响因素无量纲化后,绘制相应的控制效果关系曲线图,如图 6-27 所示。

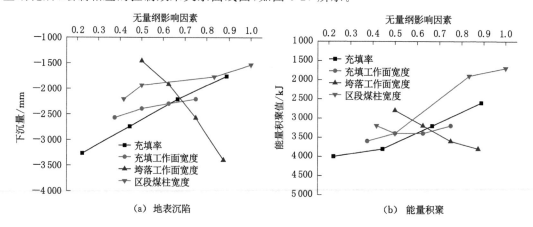

图 6-27　无量纲影响因素对地表沉陷和能量积聚的影响

由图 6-27 可知,在地表不发生严重破坏和没有剧烈矿压显现的前提下,上述各因素对基于主关键层的部分充填开采地表沉陷影响程度从大到小依次为垮落工作面宽度、充填率、区段煤柱宽度、充填工作面宽度,对基于主关键层的部分充填开采能量积聚影响程度从大到小依次为区段煤柱宽度、充填率、垮落工作面宽度、充填工作面宽度。

6.4　不同开采方式岩层移动和能量积聚控制效果对比分析

为了验证基于主关键层的部分充填开采方式的优越性,本书分别模拟了全部垮落法开采、全部充填开采、宽条带开采、混合充填开采、大采宽-小留宽开采和基于主关键层的部分充填开采地表沉陷和能量积聚情况,相应开采方案见表 6-12。

表 6-12　不同开采方式方案设计

开采方式	垮落工作面宽度/m	充填工作面宽度/m	充填率/%	走向推进长度/m	区段煤柱宽度/m
全部垮落法开采	300	0	0	2 520	30
全部充填开采	0	300	80	2 520	30
宽条带开采	300	0	0	2 520	30
混合充填开采	300	300	80	2 520	30
大采宽-小留宽开采	630	0	0	2 520	30
基于主关键层的部分充填开采	630	300	80	2 520	30

根据表 6-12 各开采方案建立相应的三维数值模型,提取并计算地表下沉量和水平移动值,绘制成相应的变形曲线图,如图 6-28 所示。根据式(6-5)提取相应数值模型中的能量积聚值,通过 Tecplot10.0 绘图软件绘制相应的能量积聚分布特征图,如图 6-29 所示。

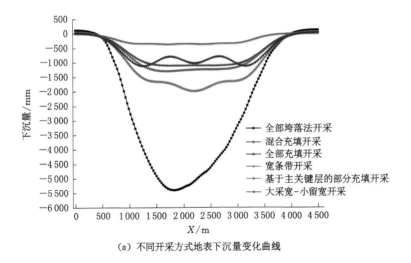

(a) 不同开采方式地表下沉量变化曲线

图 6-28　不同开采方式地表移动变形曲线

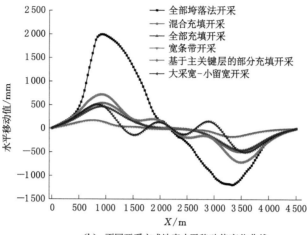

（b）不同开采方式地表水平移动值变化曲线

图 6-28 （续）

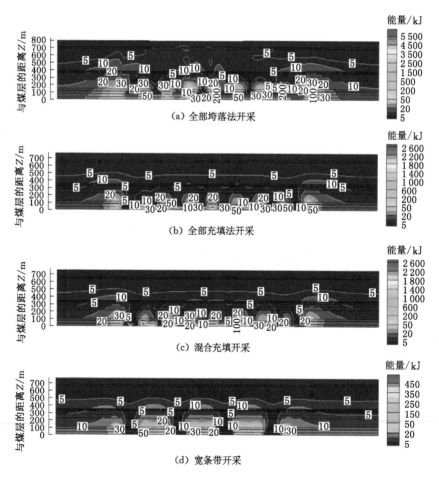

（a）全部垮落法开采

（b）全部充填法开采

（c）混合充填开采

（d）宽条带开采

图 6-29 不同开采方式能量积聚分布特征

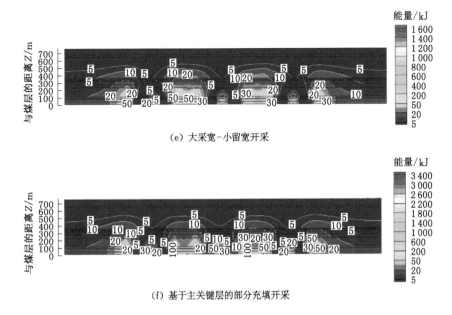

(e) 大采宽-小留宽开采

(f) 基于主关键层的部分充填开采

图 6-29 （续）

为直观分析不同开采方式地表沉陷和能量积聚情况,提取并计算相应的充填率、下沉系数、采出率、煤柱率、最大地表下沉量和最大能量积聚值,见表 6-13。

表 6-13 不同开采方式地表下沉及能量积聚参数

开采方式	最大地表下沉量/mm	最大能量积聚值/kJ	下沉系数	充填率/%	采出率/%	煤柱率/%
全部垮落法开采	5 394	6 000	0.90	0	92	8
全部充填开采	1 101	2 600	0.18	92	92	8
宽条带开采	357	500	0.06	0	46	46
混合充填开采	1 289	2 600	0.21	46	92	8
大采宽-小留宽开采	1 122	1 600	0.19	0	69	31
基于主关键层的部分充填开采	1 983	3 400	0.33	31	92	8

由表 6-13 可知,从地表减沉效果来看,宽条带开采方式效果＞全部充填开采方式效果＞大采宽-小留宽开采方式效果＞混合充填开采方式效果＞基于主关键层的部分充填开采方式效果＞全部垮落法开采方式效果;从能量积聚控制效果来看,宽条带开采方式效果＞大采宽-小留宽开采方式效果＞全部充填开采方式效果＝混合充填开采方式效果＞基于主关键层的部分充填开采方式效果＞全部垮落法开采方式效果。采出率和煤柱率反映了煤炭资源的利用程度,充填率从侧面反映了采煤成本,下沉系数在一定程度上反映了对生态环境的破坏程度。综上所述,混合充填开采和基于主关键层的部分充填开采性价比最高。由于混合充填开采是在同一个工作面实现边采边充,技术难度较大,因此,基于主关键层的部分充填开采是性价比最高的控制地表沉陷的开采方式。

6.5　基于主关键层的部分充填开采控制机理

实践及理论研究表明,采动引起的地表沉陷并非完全符合随机介质的颗粒介质理论模型,与上覆岩层中的地层结构特征和岩性有密切关系。尤其覆岩中含有多层强度较大、厚度较大的岩层时,会将上覆岩层运动划分成多个岩层运动组,造成上覆岩层及地表移动变形规律呈现明显的特征。为解释坚硬岩层力学行为,先后提出了关键层理论、托板理论和持力层理论等。

营盘壕煤矿地层巨厚弱胶结覆岩含有两层厚层砂岩,但是岩层为偏软类型岩层,其运动规律不同于普通软岩,也不同于坚硬岩层,现有的力学理论无法完全解释其运动机理。即便如此,根据基于主关键层的部分充填开采覆岩应力发育规律可知,双层厚层砂岩对局部岩层甚至地表移动变形有明显的控制作用,可以采用关键层理论在一定程度上解释其运动机理。基于主关键层的部分充填开采虽然与深部大采宽-小留宽开采方式类似,但大采宽-小留宽隔离煤柱与复合支撑体(充填体与区段煤柱)承载机理在本质上存在区别,这使得上覆岩层运动变形规律及减沉机理也与大采宽-小留宽略有不同,如图 6-30 所示。

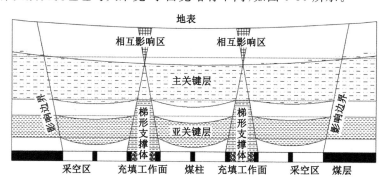

图 6-30　基于主关键层的部分充填开采控制机理

基于主关键层的部分充填开采最终形成了由复合支撑体与主要关键层(主关键层和亚关键层)组成的协同变形双控系统,对上覆岩层移动实现了逐级控制。亚关键层距离煤层较近,直接限制了上覆岩层破坏高度的增大,减小了有效下沉空间向上传递,主关键层限制了波浪形下沉盆地向上传递,使得上覆岩层形态呈单一平缓下沉盆地。详细的协同控制机理如下所述。

基于主关键层的部分充填开采结束后,双垮落工作面形成的采空区失去煤体支撑,覆岩破坏发育至主关键层底部。充填工作面上覆岩层虽然有充填体支撑,但由于工作面尺寸较大,上覆岩层也会发生一定程度的破坏,亚关键层的限制使覆岩破坏发育至亚关键层中下部。采区充填工作面与垮落工作面周期性排列布局,使其剖面覆岩破坏形态呈多峰孔状结构,充填工作面及其上方岩层形成梯形支撑体,将相邻采空区隔开。多个梯形支撑体共同支撑主关键层,使其能够继续承载上覆岩层荷载。亚关键层在自身抗弯刚度及倒梯形支撑体的作用下,有效地阻隔了下沉空间向上传递,减少了上覆岩层的移动空间。主关键层在自身抗弯刚度及梯形支撑体的共同作用下,下沉幅度进一步减小,波浪形下沉趋势被阻隔或者在向上传递时被主关键层吸收。从第 4 章相似材料模拟结果来看,单工作面开采甚至是两个工作面连续开采时,亚关键层将大量的有效下沉空间阻隔在其下部垮落带和裂缝带中,极大地减小了上覆岩层的下沉空间。根据图 6-11(c)数值模拟的结果可知,主关键层自身及其上覆岩层荷载通过多峰孔状结构将应力转移至梯形支撑体上,最后作用在充填工作面的复合支撑体和区段煤柱上,从而形成多个应力拱,共同支撑上覆岩层。

6.6 本章小结

本章在研究巨厚弱胶结覆岩深部开采岩层运动及覆岩破坏特征的基础上,提出了面向巨厚弱胶结覆岩深部开采区域性岩层移动及能量积聚控制方法,并研究了该方法控制效果的影响因素和影响规律,通过对比不同开采方式地表沉陷及能量积聚控制效果,验证基于主关键层的部分充填开采方法的优越性并揭示其控制机理,得到如下结论:

(1)基于弹性能理论,分析了巨厚弱胶结覆岩深部开采岩层运动中的能量积聚演化规律。最大能量积聚值发生在采空区两侧或者区段煤柱上,且随着采空区宽度的增大呈抛物线性增大。

(2)提出了基于主关键层的部分充填开采岩层移动及能量积聚控制方法,研究了充填率、垮落工作面尺寸、充填工作面尺寸和区段煤柱宽度对岩层移动及能量积聚的控制效果,并用极差标准化法对上述因素的相对影响程度进行分析,得出在主关键层仍然能承载上覆岩层荷载的条件下,各影响因素对基于主关键层的部分充填开采岩层移动控制效果的影响程度从大到小依次为垮落工作面宽度、充填率、区段煤柱宽度、充填工作面宽度;对基于主关键层部分充填开采能量积聚的影响程度从大到小依次为区段煤柱宽度、充填率、垮落工作面宽度、充填工作面宽度。

(3)采用数值模拟方法研究了全部垮落开采、全部充填开采、宽条带开采、混合充填开采等开采方式的岩层移动及能量积聚控制效果。从地表减沉效果来看,宽条带开采方式效果>全部充填开采方式效果>大采宽-小留宽开采方式效果>混合充填开采方式效果>基于主关键层的部分充填开采方式效果>全部垮落法开采方式效果。从能量积聚控制效果来看,宽条带开采方式效果>大采宽-小留宽开采方式效果>全部充填开采方式效果=混合充填开采方式效果>基于主关键层的部分充填开采方式效果>全部垮落法开采方式效果。综合考虑,基于主关键层的部分充填开采方式性价比最高。

(4)在基于主关键层的部分充填开采中,充填工作面复合充填体应力分布曲线呈抛物线,两侧高、中间低,且复合充填体两侧区段煤柱距离采空区边缘较近一侧应力集中程度较大。连续两个垮落工作面开采后,主关键层及其上覆岩层荷载向两侧转移并在采空区两侧煤壁集中,在主关键层下方形成大应力拱,在单一工作面上方形成双峰小压力拱。复合充填体与主、亚关键层结构组成的双控制协同变形系统共同控制上覆岩层移动及能量积聚,其中亚关键层结构制约了覆岩破坏高度的增大,大幅度减少了有效空间向上传递,而主关键层结构则进一步减少了有效空间的向上传递,直至发育成单一平缓下沉盆地。

参 考 文 献

[1] 孙琦.基于产业集中度视角的中国煤炭产业技术创新研究:以新矿集团洁净煤技术为例[D].济南:山东大学,2016.

[2] 国务院办公厅.能源发展战略行动计划(2014—2020年)(摘录)[J].上海节能,2014,(12):1-2.

[3] 国家发展改革委,国家能源局.国家发展改革委国家能源局关于印发煤炭工业发展"十三五"规划的通知[J].煤化工,2017,45(1):1-2.

[4] 吕兆海.宁夏煤炭工业清洁低碳升级发展的变革探索[J].煤炭经济研究,2017,37(12):29-33.

[5] 刘全福,刘坤,孔伟.我国煤矿深部开采现状及灾害防治分析[J].环球市场,2016(17):190.

[6] 蓝航,陈东科,毛德兵.我国煤矿深部开采现状及灾害防治分析[J].煤炭科学技术,2016,44(1):39-46.

[7] 郭志伟.我国煤矿深部开采现状与技术难题[J].煤,2017,26(12):58-59.

[8] 谢和平."深部岩体力学与开采理论"研究构想与预期成果展望[J].工程科学与技术,2017(2):1-16.

[9] 张农,李希勇,郑西贵,等.深部煤炭资源开采现状与技术挑战[C]//中国煤炭工业协会,山东能源新汶矿业集团.全国煤矿千米深井开采技术.徐州:中国矿业大学出版社,2013.

[10] 闫晗.煤炭工业发展"十三五"规划重点内容分析[J].今日工程机械,2017(1):31-33.

[11] 李慧琼,蒲仁海,屈红军,等.鄂尔多斯盆地三叠系与侏罗系不整合面测井识别方法讨论[J].西北大学学报(自然科学版),2017,47(4):577-584.

[12] 马莎,汪孝斌,马星辰,等.新近系弱胶结岩力学特性的室内试验研究[J].人民黄河,2016,38(5):121-124.

[13] 孙利辉,纪洪广,蒋华,等.弱胶结地层条件下垮落带岩层破碎冒落特征与压实变形规律试验研究[J].煤炭学报,2017,42(10):2565-2572.

[14] 王磊,李祖勇.西部弱胶结泥岩的三轴压缩试验分析[J].长江科学院院报,2016,33(8):86-90.

[15] DRIAD-LEBEAU L,LOKMANE N,SEMBLAT J F,et al. Local amplification of deep mining induced vibrations part 1:experimental evidence for site effects in a coal basin [J]. Soildynamics & earthquake engineering,2009,29(1):39-50.

[16] XU S, ZHANG P S, ZHANG D, et al. Simulation study of fiber optic monitoring technology of surrounding rock deformation under deep mining conditions[J]. Journal ofcivil structural health monitoring, 2015, 5(5):563-571.

[17] KOUROUSSIS C, AGELAKI S, MAVROUDIS D, et al. Local amplification of deep mining induced vibrations part 2: simulation of ground motion in a coal basin[J]. Soil dynamics & earthquake engineering, 2010, 30(10):947-957.

[18] WANG C L. Spatial and temporal distribution characteristics of microseismic events in deep mining[J]. Disaster advances, 2013, 6(8):26-31.

[19] CARRIERE M. High-pressure couplings solve deep mining challenges at resolution project[J]. Engineering & mining journal, 2012, 213(6):108-110.

[20] 罗浩, 李忠华, 王爱文, 等. 深部开采临近断层应力场演化规律研究[J]. 煤炭学报, 2014, 39(2):322-327.

[21] CHEN X H, LI W Q, YAN X Y. Analysis on rock burst danger when fully-mechanized caving coal face passed fault with deep mining[J]. Safety science, 2012, 50(4):645-648.

[22] BROWN E T. Progress and challenges in some areas of deep mining[J]. Mining technology, 2012, 121(4):177-191.

[23] JIF INAT, JAN S. Reduction of surface subsidence risk by fly ash exploitation as filling material in deep mining areas[J]. Natural hazards, 2010, 53(2):251-258.

[24] WEBBER R C W, FRANZ R M, MARX W M, et al. A review of local and international heat stress indices, stan dards and limits with reference to ultra-deep mining[J]. Journal of Southern African institute of mining and metallurgy, 2003, 103(5):313-323.

[25] WANG X C, ZHANG Y, JIANG X G, et al. A dynamic prediction method of deep mining subsidence combines D-InSAR technique[J]. Procedia environmental sciences, 2011, 10:2533-2539.

[26] OPARIN V N, AINBINDER I I, RODIONOV Y I, et al. Concept of a mine of tomorrow for deep mining at gentle copper-and-nickel deposits[J]. Journal of mining science, 2007, 43(6):646-654.

[27] EREMENKO V A, GAKHOVA L N, SEMENYAKIN E N. Formation of higher stress zones and clusters of seismic events in deep mining in Tashtagol[J]. Journal of mining science, 2012, 48(2):269-275.

[28] 李回贵, 李化敏, 汪华君, 等. 弱胶结砂岩的物理力学特征及定义[J]. 煤炭科学技术, 2017, 45(10):1-7.

[29] 端宁. 深部开采扰动诱发围岩应力场及能量场演化规律研究[D]. 徐州:中国矿业大学, 2016.

[30] 汪伟, 罗周全, 秦亚光, 等. 深部开采初始地应力场非线性反演新方法[J]. 中南大学学报(自然科学版), 2017, 48(3):804-812.

[31] 田莉梅, 张英, 张景华. 深部开采高地应力区钻孔卸压数值模拟及应用[J]. 金属矿山, 2017(4):31-35.

[32] 赵维生,韩立军,张益东,等.主应力对深部软岩巷道围岩稳定性影响规律研究[J].采矿与安全工程学报,2015,32(3):504-510.

[33] HE M C. Rock mechanics and hazard control in deep mining engineering in China[C]// Rock Mechanics in Underground Construction. Singapore:World Scientific Publishing Company,2006:29-46.

[34] 李杰,王明洋,张宁,等.深部岩体动力变形与破坏基本问题[J].中国工程科学,2013, 15(5):71-79.

[35] 康红普.深部煤矿应力分布特征及巷道围岩控制技术[J].煤炭科学技术,2013,41(9): 12-17.

[36] PATERSON M S. Experimental deformation and faulting in wombeyan marble[J]. Geological society of America bulletin,1958,69(4):465.

[37] MOGI K. Pressure dependence of rock strength and transition from brittle fracture to ductile flow[J]. Bulletin of the earthquake research institute,1966,44(1):215-232.

[38] MALAN D F. Time-dependent behaviour of deep level tabular excavations in hard rock[J]. Rock mechanics & rock engineering,1999,32(2):123-155.

[39] MALAN D F. Manuel rocha medal recipient simulating the time-dependent behaviour of excavations in hard rock[J]. Rock mechanics & rock engineering,2002,35(4):225-254.

[40] SELLERS E J,KLERCK P. Modelling of the effect of discontinuities on the extent of the fracture zone surrounding deep tunnels[J]. Tunnelling & underground space technology,2000,15(4):463-469.

[41] ADAMS G R,JAGER A J. Petroscopic observation of rock fracturing ahead of stope faces in deep-level gold mines[J]. Journal of Southern African institute of mining and metallurgy,1980,80(6):204-209.

[42] 谢和平,周宏伟,薛东杰,等.煤炭深部开采与极限开采深度的研究与思考[J].煤炭学报,2012,37(4):535-542.

[43] BROWN E T,HOEK E. Trends in relationships between measured in-situ stresses and depth[J]. International journal of rock mechanics & mining sciences,1978, 15(4):211-215.

[44] 谢和平,高峰,鞠杨,等.深部开采的定量界定与分析[J].煤炭学报,2015,40(1):1-10.

[45] 朱刘娟,陈俊杰,邹友峰.深部开采条件下岩层移动角确定研究[J].煤炭工程,2006, 38(2):45-47.

[46] GAO J H,BAI G L. Rules and mechanism of surface subsidence in deep coal mining [C]. 2015 international academic forum for mine surveying in China.[s. l:s. n],2015: 454-458.

[47] 王晓.深部开采地表沉陷规律研究分析[J].山西建筑,2015,41(6):64-65.

[48] 徐乃忠,王斌,祁永川.深部开采的地表沉陷预测研究[J].采矿与安全工程学报,2006, 23(1):66-69.

[49] COPE D R. Deep mining of coal and land-use planning:technical change and technical

competence[J]. Minerals & the environment,1982,4(2/3):105-110.

[50] 李爱忠.大采深岩移观测阶段性分析[J].中国煤田地质,2004,16(B05):54-56.

[51] 李军民,高保彬,武治普.深部极不充分采动条件下地表移动特征观测分析[J].煤矿开采,2007,12(6):60-63.

[52] WANG C G,CHEN W Z,PAN L Y. Study on the structure model and controlling method of subsidence in flat seam and deep mining[J]. Key engineering materials,2006,306/307/308:1403-1408.

[53] 何荣,郭增长,李春意.大采深极不充分开采地表移动和变形规律实测研究[J].河南理工大学学报(自然科学版),2008,27(1):50-53.

[54] 滕永海,杨洪鹏,张荣亮.夹河煤矿深部开采地表移动规律研究[J].矿山测量,1998(4):15-17.

[55] LI W X,WEN L,LIU X M. Ground movements caused by deep underground mining in Guan-Zhuang iron mine,Luzhong,China[J]. International journal of applied earth observation & geoinformation,2010,12(3):175-182.

[56] CHANG X K,WANG R F,ZANG J C. Characteristic analysis of surface subsidence in deep mining[C].[s. l.]:Atlantis press,2014:62-66.

[57] 王金庄,张瑜.矿区开采地表下沉率及采动程度关系的研究[J].矿山测量,1996(1):10-13.

[58] 陈宏念.千米深井条带开采沉陷规律研究及应用:以张小楼矿区为例[D].徐州:中国矿业大学,2017.

[59] 王勇,谭志祥,李培现.千米深部开采沉陷规律实测研究[J].煤炭科技,2013(4):1-4.

[60] 张连贵.兖州矿区非充分开采覆岩破坏机理与地表沉陷规律研究[D].徐州:中国矿业大学,2009.

[61] 李培现.深部开采地表沉陷规律及预测方法研究:以徐州矿区为例[D].徐州:中国矿业大学,2012.

[62] 于保华,朱卫兵,许家林.深部开采地表沉陷特征的数值模拟[J].采矿与安全工程学报,2007,24(4):422-426.

[63] 许家林,连国明,朱卫兵,等.深部开采覆岩关键层对地表沉陷的影响[J].煤炭学报,2007,32(7):686-690.

[64] 袁越,李树清,赵延林,等.深部大采宽开采条件下地表沉陷的数值计算分析[J].矿业工程研究,2017,32(3):1-6.

[65] 李树峰,杨双锁,崔健,等.深部宽条带开采地表变形规律研究[J].煤炭技术,2014,33(9):196-198.

[66] 戴华阳,王世斌,易四海,等.深部隔离煤柱对岩层与地表移动的影响规律[J].岩石力学与工程学报,2005,24(16):2929-2933.

[67] 余学义,刘俊杰,郭文彬,等.巨厚白垩系砂岩下地表移动规律观测研究[J].煤矿开采,2016,21(2):15-17.

[68] 杨福军.巨厚白垩系砂岩含水层下综放开采覆岩及地表移动实测分析[J].煤矿开采,2014,19(2):95-97.

［69］王冰.弱胶结覆岩高强度开采岩层与地表移动规律研究［D］.徐州：中国矿业大学,2017.

［70］林怡恺.巨厚砂岩下开采地表与岩层移动规律研究:以营盘壕煤矿为例［D］.徐州：中国矿业大学,2018.

［71］张广学,房振,韩杰,等.营盘壕煤矿首采面地表移动特征实测研究［J］.金属矿山,2019（10）:81-86.

［72］左建平,孙运江,文金浩,等.岩层移动理论与力学模型及其展望［J］.煤炭科学技术,2018,46(1):1-11,87.

［73］朱晓峻.带状充填开采岩层移动机理研究［D］.徐州：中国矿业大学,2016.

［74］GUO G L,ZHU X J,ZHA J F,et al. Subsidence prediction method based on equivalent mining height theory for solid backfilling mining［J］. Transactions of nonferrous metals society of China,2014,24(10),3302-3308.

［75］刘建功,赵家巍,李蒙蒙,等.煤矿充填开采连续曲形梁形成与岩层控制理论［J］.煤炭学报,2016,41(2):383-391.

［76］刘建功,赵家巍,杨洪增.充填开采连续曲形梁时空特性研究［J］.煤炭科学技术,2017,45(1):41-47.

［77］梁冰,石占山.深部开采条件下相似材料模拟实验加载力学边界研究［C］//中国力学学会.2015中国力学大会论文集.上海：［出版者不详］,2015:272.

［78］李江涛,杨宏伟.深部煤层开采采场覆岩变形相似模拟实验［J］.煤矿安全,2013,44(7):41-43.

［79］姜京福,蒲成森,李鹏.深部采煤工作面上覆岩层裂隙带发育高度研究［J］.煤炭技术,2017,36(7):42-44.

［80］王志国,周宏伟,谢和平,等.深部开采对覆岩破坏移动规律的实验研究［J］.实验力学,2008,23(6):503-510.

［81］常西坤.深部开采覆岩形变及地表移动特征基础实验研究［D］.青岛：山东科技大学,2010.

［82］刘义新.厚松散层下深部开采覆岩破坏及地表移动规律研究［D］.北京：中国矿业大学（北京）,2010.

［83］孙利辉.西部弱胶结地层大采高工作面覆岩结构演化与矿压活动规律研究［J］.岩石力学与工程学报,2017,36(7):1820.

［84］孙景武,刘家根,韩德明,等.极弱胶结覆岩综放开采导水裂隙带发育高度预测研究［J］.矿山测量,2012(2):19-21.

［85］TIAN C,BAI H,LI Z,et al. Analysis of stress and stability of protective coal pillar with sump［J］. Electronic journal of geotechnical engineering,2014,19:3127-3136.

［86］XIA B,ZHANG X,YU B,et al. Weakening effects of hydraulic fracture in hard roof under the influence of stress arch［J］. International journal of mining science & technology,2018,28(6):951-958.

［87］POULSEN B A. Coal pillar load calculation by pressure arch theory and near field extraction ratio［J］. International journal of rock mechanics & mining sciences,2010,

47(7):1158-1165.

[88] LIN'KOV A M. On the theory of pillar design[J]. Journal of mining science,2001, 37(1):10-27.

[89] MONT O,BLEISCHWITZ R. Sustainable consumption and resource management in the light of life cycle thinking[J]. Environmental policy & governance,2007,17(1): 59-76.

[90] WILSON A H. The stability of underground workings in the soft rocks of the coal measures[J]. International journal of mining engineering,1983,1(2):91-187.

[91] WILSON A H. A method of estimating the closure and strength of lining required in drivages surrounded by a yield zone[J]. International journal of rock mechanics & mining sciences,1980,17(6):349-355.

[92] WILSON A H. Stress and stability in coal ribsides and pillars:proc 1st conference on ground control in mining[J]. International journal of rock mechanics & mining sciences,1983,20(1):A17.

[93] ZHAO M,ZHANG S,CHEN Y. Reasonable width of narrow coal pillar of gob-side entry driving in large mining height[C]. [s. l.]:IOP publishing,2017.

[94] WILSON A H. An hypothesis concerning pillar stability[J]. Mining engineer,1972, 131(6):409-417.

[95] 常西坤. 村庄下大倾角煤层条带煤柱合理尺寸研究[D]. 青岛:山东科技大学,2007.

[96] 吴立新,王金庄. 煤柱宽度的计算公式及其影响因素分析[J]. 矿山测量,1997(1): 12-16.

[97] 王冬. 条带开采留设煤柱稳定性数值模拟分析[J]. 中州煤炭,2013(9):43-46.

[98] 蒋忠,赵志刚,李瑞瑞,等. 条带开采煤柱稳定性数值模拟研究[J]. 煤炭技术,2015, 34(6):23-26.

[99] POULSEN B A,SHEN B,WILLIAMS D J,et al. Strength reduction on saturation of coal and coal measures rocks with implications for coal pillar strength[J]. International journal of rock mechanics & mining sciences,2014,71(71):41-52.

[100] 杨永杰,赵南南,马德鹏,等. 不同含水率条带煤柱稳定性研究[J]. 采矿与安全工程学报,2016,33(1):42-48.

[101] 王磊,杨栋,康志勤. 条带开采下含水煤柱对开采沉陷的影响[J]. 煤炭技术,2015, 34(11):7-9.

[102] WATTIMENA R K,KRAMADIBRATA S,SIDI I D,et al. Developing coal pillar stability chart using logistic regression[J]. International journal of rock mechanics & mining sciences,2013,58(1):55-60.

[103] IDRIS M A,SAIANG D,NORDLUND E. Stochastic assessment of pillar stability at laisvall mine using artificial neural network[J]. Tunnelling & underground space technology,2015,49:307-319.

[104] WAGNER H. Pillar design in coal mines[J]. Journal of the southern african institute of mining and metallurgy,1980,80(1):37-45.

[105] MERWE J N V D,MATHEY M. Update of coal pillar database for South African coal mining[J]. Journal of the southern african institute of mining and metallurgy,2013, 113(11):825-840.

[106] SHEOREY P R,DAS M N,BARAT D,et al. Coal pillar strength estimation from failed and stable cases[J]. International journal of rock mechanics & mining sciences,1987,24(6):347-355.

[107] GHASEMI E,ATAEI M,SHAHRIAR K. Prediction of global stability in room and pillar coal mines[J]. Natural hazards,2014,72(2):405-422.

[108] NAJAFI M,JALALI S M E,KHALOKAKAIE R. Thermal-mechanical-numerical analysis of stress distribution in the vicinity of underground coal gasification (UCG) panels[J]. International journal of coal geology,2014,134/135:1-16.

[109] LU P H. Triaxial-loading measurementfor mine-Pillar stability evaluation[C]. [s. l.]:American rock mechanics association,1986:379-385.

[110] 于洋,邓喀中,范洪冬.条带开采煤柱长期稳定性评价及煤柱设计方法[J].煤炭学报, 2017,42(12):3089-3095.

[111] KUKUTSCH R,KAJZAR V,WACLAWIK P,et al. Use of 3D laser technology to monitor coal pillar deformation [C]//The University Wollongong. 2016 Coal operator's conference. [s. l:s. n],2016:99-107.

[112] ZHAO Y,WANG S,ZOU Z,et al. Instability characteristics of the cracked roof rock beam under shallow mining conditions[J]. International journal of mining science & technology,2018,28(3):437-444.

[113] LI X,LIU C,LIU Y,et al. The breaking span of thick and hard roof based on the thick plate theory and strain energy distribution characteristics of coal seam and its application[J]. Mathematical problems in engineering,2017,2017:1-14.

[114] CAO Z, DU F, XU P, et al. Control mechanism of surface subsidence and overburdenmovement in backfilling mining based on laminated plate theory[J]. Computers materials & continua,2015,53(3):175-186.

[115] YU L,LIU J. Stability of interbed for salt cavern gas storage in solution mining considering cusp displacement catastrophe theory[J]. Petroleum,2015,1(1):82-90.

[116] 陈俊杰,邹友峰,袁占良.深部开采条件下保护煤柱尺寸变化规律探讨[C]//中国煤炭学会.全国开采沉陷规律与"三下"采煤学术会议论文集.北京:[出版者不详],2005: 74-75.

[117] 郭惟嘉,王海龙,刘增平.深井宽条带开采煤柱稳定性及地表移动特征研究[J].采矿与安全工程学报,2015,32(3):369-375.

[118] GUO W,WANG H,CHEN S. Coal pillar safety and surface deformation characteristics of wide strip pillar mining in deep mining[J]. Arabian journal of geosciences,2016,9(2):1-9.

[119] 张明,姜福兴,李家卓,等.基于巨厚岩层-煤柱协同变形的煤柱稳定性[J].岩土力学, 2018,39(2):705-714.

[120] 姜福兴,温经林,白武帅,等.深部条带开采高位关键层离层区周边冲击危险性研究

[J].中国矿业大学学报,2018,47(1):40-47.

[121] GAO M T,ZHANG M,ZHOU M. Study and practice on the technology of filling mining in Xin Wen mining area[J]. Applied mechanics and materials,2012,121/122/123/124/125/126:2892-2896.

[122] MA L,DING Z W. The application research on backfill mining technology of gangue for coal pillar mining in Xingtai mining village[J]. Advanced materials research, 2011,156/157:225-231.

[123] ZHU X,GUO G,ZHA J. Surface subsidence caused by solid backfilling mining[J]. Disaster advance,2014,7(3):59-66.

[124] ZHANG Q,ZHANG J X,KANG T,et al. Mining pressure monitoring and analysis in fully mechanized backfilling coal mining face-a case study in Zhai Zhen coal mine [J]. Journal of central South University,2015,22(5):1965-1972.

[125] 郭广礼,王悦汉,马占国.煤矿开采沉陷有效控制的新途径[J].中国矿业大学学报, 2004,33(2):26-29.

[126] 张华兴,郭爱国.宽条带充填全柱开采的地表沉陷影响因素研究[J].煤炭企业管理, 2006(6):56-57.

[127] 张华兴,李效刚,刘德民.利用宽条带实现全柱开采的方法[J].煤矿开采,2002,7(2): 16-18.

[128] 李秀山,曹忠,柳成懋,等.岱庄煤矿条带煤柱矸石膏体充填开采地表沉陷研究[J].煤炭工程,2012,44(4):85-87.

[129] 张新国,江兴元,江宁,等.岱庄煤矿矸石膏体充填模式研究与应用[J].中国矿业, 2012,21(4):82-86.

[130] 侯晓松.高庄煤矿无煤柱开采实践[J].山东煤炭科技,2011(1):88-89.

[131] 张新国,江兴元,江宁.许厂煤矿矸石置换充填开采模式研究[J].煤炭工程,2013, 45(1):12-14.

[132] 周新桂,张林炎,范昆,等.鄂尔多斯盆地现今地应力测量及其在油气开发中的应用 [J].西安石油大学学报(自然科学版),2009,24(3):7-12.

[133] 王双明.鄂尔多斯盆地聚煤规律及煤炭资源评价[M].北京:煤炭工业出版社,1996.

[134] 陈涛,郭广礼,朱晓峻,等.相似材料模型的位移监测方法对比研究[J].煤矿安全, 2016,47(6):45-47.

[135] 杨化超,邓喀中,郭广礼.相似材料模型变形测量中的数字近景摄影测量监测技术 [J].煤炭学报,2006,31(3):292-295.

[136] 谭理则.变形测量中的数字散斑相关搜索方法[J].科技与企业,2016(9):238.

[137] 王观次,时明雪.结构变形测量的数字散斑相关方法研究[J].公路与汽运,2015(3): 160-164.

[138] 汤伏全.近景摄影测量用于岩移模型的位移观测[J].西安矿业学院学报,1990(4): 57-64.

[139] 周拥军,任伟中.一种仅需距离控制的模型试验平面位移场单像视觉测量[J].岩石力学与工程学报,2009,28(4):799-804.

［140］蔡利梅,黎少辉.改进自动网格法测量相似材料模型变形［J］.中国测试技术,2005(1):72-74.

［141］蔡利梅,许家林,马文顶,等.相似材料模型变形的图像自动测量［J］.矿山压力与顶板管理,2004(3):106-108.

［142］朱晓峻,郭广礼,查剑锋,等.相似材料模型监测的光学图像法研究［J］.中国矿业大学学报,2015,44(1):176-182.

［143］许世娇.基于移动相机的相似材料模型精密测量系统关键技术研究［D］.徐州:中国矿业大学,2016.

［144］FUJIMOTO K, SUN J, TAKEBE H, et al. Shape from parallel geodesics for distortion correction of digital camera document images［J］. Document recognition and retrieval XIV,2007,6500:82-91.

［145］YANAGI H, CHIKATSU H. Factors and estimation of accuracy in digital close range photogrammetry using digital cameras［J］. Journal of the Japan society of photogrammetry,2012,50(1):4-17.

［146］FANG X U. The monitor of steel structure bend deformation based on digital photogrammetry［J］. Editoral board of geomatics & information science of Wuhan University,2001,26(3):256-260.

［147］JEONG J I, MOON S Y, CHOI S G, et al. A study on the flexible camera calibration method using a grid type frame with different line widths［C］.［s. l.］:IEEE,2003:1319-1324.

［148］HSU C C J, LU M C, LU Y Y. Distan ce and angle measurement of objects on an oblique plane based on pixel number variation of CCD images［J］. IEEE transactions on instrumentation and measurement,2011,60(5):1779-1794.

［149］LU M C, HSU C C, LU Y Y. Distan ce and angle measurement of distan t objects on an oblique plane based on pixel variation of CCD image［C］.［s. l.］:IEEE,2010:318-322.

［150］ZHANG G, YU C, GUO G, et al. Monitoring sluice health in vibration by monocular digital photography and a measurement robot［J］. KSCE journal of civil engineering,2019,23(6):2666-2678.

［151］张国建,于承新,郭广礼.数字近景摄影测量在监测节制闸动态变形中的应用［J］.山东大学学报(工学版),2017,47(6):46-51.

［152］于承新,张国建,赵永谦,等.基于数字测量技术的桥梁监测及预警系统［J］.山东大学学报(工学版),2020,50(1):115-122.

［153］GUO Q, GUO G, ZHA J, et al. Research on the surface movement in a mountain mining area:a case stdy of Sujiagou Mountain, China［J］. Environmental earth sciences,2016,75(6):472.

［154］WU K, CHENG G L, ZHOU D W. Experimental research on dynamic movement in strata overlying coal mines using similar material modeling［J］. Arabian journal of geosciences,2015,8(9):6521-6534.

[155] 张明,姜福兴,李克庆,等.大断层控制采场水平应力演化与矿震关系研究[J].中南大学学报(自然科学版),2018,49(1):167-174.

[156] 勾攀峰,侯朝炯.回采巷道锚杆支护顶板稳定性分析[J].煤炭学报,1999,24(5):466-470.

[157] 江学良,曹平,杨慧,等.水平应力与裂隙密度对顶板安全厚度的影响[J].中南大学学报(自然科学版),2009,40(1):211-216.

[158] 郭增长.极不充分开采地表移动预计方法及建筑物深部压煤开采技术的研究[D].徐州:中国矿业大学,2000.

[159] BORESI A P,SIDEBOTTOM O M. Advanced mechanics of materials[M].[4th ed.]. New York:Wiley,1985.

[160] 谢和平,鞠杨,黎立云.基于能量耗散与释放原理的岩石强度与整体破坏准则[J].岩石力学与工程学报,2005,24(17):3003-3010.

[161] 王宏伟,姜耀东,赵毅鑫,等.长壁孤岛工作面冲击失稳能量释放激增机制研究[J].岩石力学与工程学报,2013,32(11):2250-2257.

[162] 龚鹏.深部大采高矸石充填综采沿空留巷围岩变形机理及应用[D].徐州:中国矿业大学,2018.

[163] GUO G L,ZHU X J,ZHA J F,et al. Subsidence prediction method based on equivalent mining height theory for solid backfilling mining[J]. Transactions of nonferrous metals society of China,2014,24(10):3302-3308.